孝道智慧

孝道是多赢文化

李焕云◎著

当代世界出版社
THE CONTEMPORARY WORLD PRESS

图书在版编目 (CIP) 数据

孝道智慧 / 李焕云著. — 北京：当代世界出版社，
2021.4

ISBN 978-7-5090-1593-3

Ⅰ.①孝… Ⅱ.①李… Ⅲ.①孝—文化—中国 Ⅳ.
①B823.1

中国版本图书馆 CIP 数据核字（2020）第 258422 号

书 名：	**孝道智慧**	
出版发行：	当代世界出版社	
地 址：	北京市东城区地安门东大街 70–9 号	
网 址：	http://www.worldpress.org.cn	
编务电话：	（010）83907528	
发行电话：	（010）83908410（传真）	
	13601274970	
	18611107149	
	13521909533	
经 销：	全国新华书店	
印 刷：	文畅阁印刷有限公司	
开 本：	710 毫米 × 1000 毫米　1/16	
印 张：	16	
字 数：	175 千字	
版 次：	2021 年 4 月第 1 版	
印 次：	2021 年 4 月第 1 次	
书 号：	ISBN 978-7-5090-1593-3	
定 价：	49.00 元	

［自序］

纸上得来终觉浅，绝知此事要躬行

　　这些年，我花了大量的时间和金钱，参加心理学、教练技术、家庭教育等各类课程的学习，以寻找解决现实生活中诸如夫妻反目、婆媳不和、兄弟相残、子女叛逆等问题的"灵丹妙药"。我到各地讲学，用学到的技巧和方法帮助一些人解了燃眉之急。然而，面对道德沦丧、人性丧失的事件，我也常常感到困惑和无奈。直到患有阿尔茨海默病的婆婆给我的家庭甚至是家族带来挑战的时候，我才意识到：解决人性和人生的大问题，仅仅用技巧和工具是不够的，还应该有更好的方法。

　　婆婆今年90岁了。近几年，她的记忆力严重下降，通过咨询医生我才知道，她患了阿尔茨海默病，目前医院也没有好的治疗方法。

　　跟自己的儿女都无法相处的婆婆，先后去了两家养老院，但都被下了逐客令。养老院多少钱都不收，也雇不着保姆，因为婆婆总是怀疑保姆偷她的东西。雇用保姆，不是保姆照看她，而是她像防贼似的看着保姆。

面对躲不过、绕不开的现实问题，我开始有意识地思考"何为孝、如何孝"的问题，也开始关注"孝道"这个课题。于是，我凭借支离破碎的孝道记忆，在中国传统文化中寻觅和学习。

宋朝理学大师朱熹手书的"孝"字，正看是一子跪地抱拳侍奉梳着高高发髻的老人，反看是一只正在拳打脚踢的猴子。这幅字意在劝告人们要孝敬父母，否则便禽兽不如。

晚清大儒曾国藩曾说："读尽天下书，无非一个孝字。"近代著名学者梁漱溟也说："中国的文化就是'孝的文化'。"孝是一切道德心、感恩心、善心、爱心的源头，是中国社会维系家庭关系的道德准则，也是中华民族源远流长的传统美德。

一个人如果能够从小躬行孝道，就会培养出孝悌、仁爱、感恩、礼让、嘉言善语悦人、敦伦尽分守责等美德。诚如孔子所云："少年若天性，习惯如自然。"而我和很多人一样，小的时候缺失了这一课，现在尚需补课。补课时虽然吃苦又吃力，但与一直缺课相比还是幸运的。

现实生活中，很多道理我们都懂，很多事情也知道应该怎么去做，但往往知行不一，讲起来头头是道，做起来却弯弯绕绕。比如，我们都知道应该孝敬父母、感恩父母，但做起来又要做好并不容易。

我在躬行孝道之前，与大多数人一样，是"语言的巨人，行动的矮子"。孝道的学问不是纸上的东西，而是要躬行实践的。

婆婆清醒的时候特别善解人意，也很好相处，可是在发病状态下，就像变了一个人：找不到东西时，会说是别人偷了；当我把刚做好的饭菜端到餐桌上时，会说是她儿子做的；我给她买的新衣服，转眼就说是别人买的；饿了会说你想饿死她……这一切似乎都那么不可理喻，是"孝道文化"和我们婆媳之间的感情支撑我走了过来。

在忍耐和接纳中，我不再跟婆婆讲理，也不再要求婆婆改变，只想自己还能怎样适应和改进。当我们只用心不用脑的时候，我们之间的爱接通了彼此的心。我感受到婆婆"作"和"闹"背后的心理需求是对爱的渴求，她需要安全的生活环境，需要有人关心和爱护……

在躬行孝道的时候，我体会到孝道有助于个人修养的提升。当我们能够忍受原来不能忍受的，接纳原来不能接纳的，我们平和、宽容、善良的品质会慢慢养成，我们也才能够做到"即使'作''闹'千百遍，我还爱你如初见"，进而对很多人和事物的包容之心也出现了。而此时我们才能真正理解"包容父母，足以包容天下"的道理。孝敬父母，表面上是对父母好，其实最大的受益者是尽孝者自己，因为通过尽孝可以提升自己的修养。孝道是双赢文化。

在躬行孝道的某一刻，我顿悟：天有天道，地有地道，孝道即人道；孝心一开，百善皆来，孝品即人品。

同时我也体会到，孝道对家族关系和谐有重要的作用。因为对婆婆尽孝，我们兄弟姐妹的关系更融洽了，如果没有孝心爱心，就不会有我们大家庭的和谐。

在躬行孝道的时候，我体会到，只有将对家族之责任推广至社会关怀，孝才更有意义和价值。在照顾婆婆时，我发现患有阿尔茨海默病的老人比我想象的多，而且目前没有较好的治疗方法，如何照顾好这部分老人，更是一个棘手的问题，因此，我想将我的经验告诉更多的人。

萌发写这本书的想法时，我的心情可以用"战战兢兢，如临深渊，如履薄冰"来形容。因为孝道是一个重大而又敏感的话题。中华传统文化博大精深，岂是我一介百姓能说得清道得明的。

然而，学识有厚薄，认识有深浅。虽然我既不是传统文化方面的专家，也不是名门望族之后，更不是孝道楷模，对孝道文化的认识也非常浅薄；但我是一个传统文化的爱好者，是孝道文化的践行者，我可以从普通老百姓的视角来与大家探讨。

所以，本书既不是学术上的论述，也不是成型的经验，而只是我在学习和躬行孝道过程中的心得以及由此引发的思索。我诚挚地期待在中华传统文化方面有建树的大家，以及在现实生活中砥砺前行的各位老师提出宝贵意见，我将在图书再版时完善。

孝道文化是家庭和睦的良方，是社会和谐的基础，是中华民族的传统美德。国家需要弘扬孝道，家庭需要传承孝心，全社会要形成"讲孝道，有孝心"的良好风尚。

最后，感谢在本书写作、出版过程中给予我帮助的编辑老师！也感谢在我成书过程中给我鼓励和提供素材的朋友，更感谢我善良的父母、公婆对我的养育和教育、帮助和引领！

李焕云

2021年2月于秦皇岛

目录
CONTENTS

第 2 章

孝的本质：人性与人情

第 3 章

孝的代码：优秀的道德品质

第4章

孝的底色：正确的三观

第 **7** 章

孝的现实：孝道面面观

第 **8** 章

孝道新课题：如何孝敬失智父母

第 9 章

重塑家文化：以德育人，以文化人

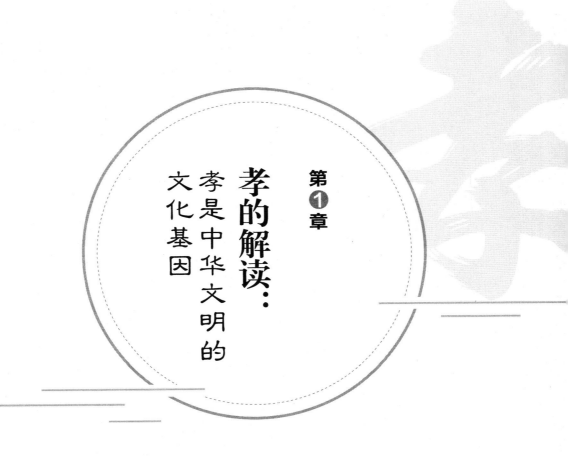

第 1 章

孝的解读：
孝是中华文明的
文化基因

1.1 孝是爱心的传递

民间流传着一句古老的谚语"三岁看大，七岁看老"。从心理学的角度说，七岁之前是健康的心理和性格形成的重要时期。而孝是形成美好人性、健全人格和正确价值观的基础。七岁之前相当于我们人生的"第一粒纽扣"。如果人生的扣子从孝道开始扣好，剩余的扣子就顺理成章了。

1.1.1 "夫孝，德之本也"

中国的家长是最重视教育的。为了让孩子成龙成凤，有的家长早早就把孩子送进早教机构，希望孩子能赢在起跑线上；有的家长费尽心机把孩子送进条件最好、师资力量最强的学校；有的家长不惜花重金为孩子请最好的家教；有的家长承包了一切家务，包括帮孩子收拾文具、整理书包等，希望为孩子创造良好的学习环境。

然而，现实常常事与愿违。有的孩子不仅没有成龙成凤，还厌学、叛逆、自私、任性，甚至打骂父母。这让很多家长非常困惑：作为家长，怎样做才能培养出优秀的孩子？

上好学校，找好老师，是在向外求助。其实，再好的学校、再优秀的老师、再多的才艺也弥补不了道德修养的缺失。人无德不立，修德是做人之要、立身之本。如何修德？《孝经》早就给出了答案："夫孝，德之本也。"从孝行开始修德才是根本，才能形成正确的三观，这也是我们人生的"第一粒纽扣"。

不孝之人就是无德之徒，才华越出众，危害就越大。如同穿衣服，第一粒纽扣扣错了，剩余的纽扣都会扣错，未来的人生肯定会跑偏，走得越远，偏差越大，正所谓"失之毫厘，谬以千里"。

百行德为首，百善孝为先。《论语》中也说："孝悌也者，其为仁之本也。"孝顺父母、顺从兄长，这就是仁德的根本啊！由孝行修出一个人的私德，再衍生出家庭美德、社会公德、职业道德。孝是德行的源头，把道德的根牢牢地扎在孝道上，未来的人生之路才能走正、走好。

黑龙江女孩马芯洋11岁时，她的爸爸在一次车祸中没能醒过来，成了植物人。为了唤醒爸爸，马芯洋一边跟爸爸说话，一边主动帮助妈妈挑起生活的重担。担心妈妈太累，她每天都早早起床为爸妈做早饭。

爸爸只能吃流食，于是她精心给爸爸熬粥，一勺勺地喂爸爸吃。她和妈妈一起把爸爸从床上抱到轮椅上，然后把爸爸的床单、衣服全部换下来清洗。

每天放学后，她写完作业的第一件事，就是帮爸爸洗脚、按摩，以刺激爸爸的脚部神经，她期待爸爸早日醒来。可是，几年过去了，爸爸一直没有醒，但马芯洋相信，只要自己坚持下去，就一定能够唤醒爸爸！

很多人以为马芯洋被家所累，学习会受影响，但事实恰好相反，马芯洋的学习成绩一直是班级里的前几名。她为了腾出时间照顾爸爸，减轻妈妈的负担，在学校不敢浪费一点时间，上课聚精会神地听讲，下课认认真真写作业。她要让醒来的爸爸看到一个优秀的女儿！

马芯洋的孝行在当地传为美谈，中央电视台大型公益活动"2017寻找最美孝心少年"栏目组找到她，专门报道了她的事迹。她孝敬长辈、为家庭排忧解难、自强不息、阳光向上的动人事迹深深感动了全国各地的观众，大家在赞扬她的同时，也在想方设法帮助她。

"孝心"的力量，能让十几岁的少年用自己的双肩担起家庭的重担！正因为她爱爸爸、爱妈妈，也爱自己，才克服了常人无法想象的困难。

没有孝心的人，是不懂得关心他人的，他们价值观扭曲、自私自利，觉得谁都对不起自己，不知道为什么活、怎么活。而有孝心的人会在尽孝中心怀感恩，让善的种子在心中开出最美的花朵，芬芳他人，更馨香自己。

清华大学2017级本科新生开学典礼时，校长邱勇发表了题为《向美而行》的主题演讲。他希望新生们不仅能感受、欣赏水木清华的美，更能努力培育美的素养，塑造美的心灵；要学会欣赏艺术之美和自然之美，用心感受科学之美，用一生去追求人性之美。

人性中有许多美，滋养着我们，温暖着我们，也感动着我们。人性之美用爱的火种，点亮了心灯，照亮了人生。心亮了，人生还能黑暗吗？

孝心少年的身上就体现了人性之美，我们相信，这样的孩子一定会用最美的音符谱写自己未来的人生。

1.1.2 孝是我们与父母爱的连接

对国学颇有研究的曾仕强老师说："中华文化源于易而成于孝。"中华文化的总源头是《易经》，诸子百家都是从不同的角度来阐述《易经》的道理，但是最终的结果都表现在"孝"这个字上。

《孝经》曰："昔者明王事父孝，故事天明；事母孝，故事地察；长幼顺，故上下治……孝悌之至，通于神明，光于四海，无所不通。"

意思是说，古时明君对父亲孝顺，因此明白上天庇护万物的道理；对母亲孝顺，因此明白大地孕育万物的道理；长幼有序，才能治理有方。孝顺父母，兄弟姐妹相处融洽，就会打动人心，以致影响深远。

现在的人一说到感应，就觉得是迷信，其实诚挚的心本来就是有感应的。"啮指痛心"是《二十四孝》中的故事之一，记载的就是一个心灵感应的故事。

曾参，字子舆，春秋时期鲁国人，孔子的得意弟子，世称"曾子"，以孝著称。他少年时家贫，常入山打柴。一天，家里来了客人，客人走了很远的路来拜访曾子，曾子却不在家，曾子的母亲不想让客人白跑一趟，情急之下就咬破了自己的手指。母亲咬破手指，曾子的心疼了一下，他便知道母亲在家里有事，于是急忙背着柴赶回家中，跪问缘故。母亲说明缘由，曾子于是接见客人，以礼相待。

小时候那么爱父母、依赖父母的孩子，为什么有的成年后会不孝呢？因为他们长大了，觉得父母爱唠叨、跟不上时代，而自己已经比父母强太多，没有耐心等待父母蹒跚的脚步了。世间最让人心酸的事情莫过于在白发苍苍之际，却要在子女面前小心翼翼地活着。父母是我们生命的源头，我们生理和心理的能量都是从源头汲取的，所以孝敬父母就是在接通我们生命的能量源泉。

1.2　孝是衡量善良的法尺

1.2.1　至孝名扬天下

有人说，中国人没有信仰，其实孝文化就是我们中华民族共同的信仰，每个华夏儿女内心深处都想成为孝子贤孙。所以，我们中国传统文化是有根的文化，这是文明的基因。

2005年1月，山东枣庄的田世国因为"捐肾救母"的事迹，和刘翔、徐本禹、袁隆平、任长霞等一并荣膺2004年"感动中国"十大人物；2005年9月，他被评为山东省首届十大孝星之一；2007年春，以田世国为原型的电视剧《温暖》在央视热播。

田世国是山东枣庄薛城区人，他既是孩子的好父亲，也是父母的好儿子。38岁的他为身患尿毒症晚期的母亲捐肾，延续了母亲的生命，演绎了一段当代孝子的佳话。

"谁言寸草心，报得三春晖？"这是一个被追问了上千年的问题。一个儿子在2004年用行动做出了自己的回答，他把生命的一部分回馈给了病危的母亲。在给母亲捐肾时，他是瞒着年迈的父母的，母亲的生命也许依然脆弱，但是孝子的真诚坚如磐石。田世国让天下所有的母亲收获了慰藉。

一个人孝顺自己的父母长辈，说明他有一颗善良仁慈的心，有了这份仁心，就可以帮助更多的人。在自然界里，动物都懂得反哺，作为人类的我们更应该孝顺自己的父母、长辈，这不仅仅是个人的道德行为、个人的家事，也是对社会承担的一份责任。

孝是我们中华民族共同的信仰，也是中华民族最朴素、最深沉、最神圣的信仰。

1.2.2 善待父母是最好的教养

孝道是我们传统文化的核心，孝敬父母是做人的根本，孝是一切德行的基础。不孝父母之人，往往会受到道德的谴责和社会大众的批判。

2016年，重庆市的一家殡仪馆，有两人大闹灵堂，砸掉了逝者的骨灰盒。大闹灵堂的是逝者的长子和长孙。很快，这段视频传遍网络，这两人受到全国各地网友的谴责。当天，涉事的蔡姓父子被刑拘。

据警方调查，大闹灵堂的父子嫌逝者生前偏向小儿子，把房产都留给了小儿子，所以去闹灵堂。据这位蔡姓长子说，父亲去世后，母亲一直居住在小儿子家。由此看来，母亲偏向小儿子是有道理的。

"我不该冲动，更不应该砸骨灰盒，父母是生我养我的人，我的行为是错的。"在看守所，蔡某深深地忏悔道。如果在天堂的双亲有灵能够听得到他的忏悔，或许会原谅他。但是，他的不孝却难免受到世人的指责。

作为中华民族的传统美德，孝历来被人们所颂扬，已经成为中华民族世代相传的优良传统与核心价值观。即使是对逝去的父母，也要心怀敬意。孝是中华民族的独特标志、文明基因和精神纽带。几千年来，它已经融入我们的血液，深入我们的骨髓，成为我们中华儿女共同的信仰。

1.3 中华文明长河中的孝道浪花

孝文化的核心就是爱老、敬老、养老，自古至今便是如此。积极发扬孝道文化，提高我国国民的基本道德素质，让孝道文化代代相传、永不间断，也是当今社会的重要任务之一。

在中华民族数千年的社会发展中，孝文化的内涵逐步丰富起来，在中国古代的很多文化典籍中都能找到孝的痕迹。

1.3.1 孝治天下

孝文化在我国文明社会的发展进程中，形成了自己独特的思想体系，成为中华民族的永恒理念。

现代人提出，"小孝可以治家，中孝可以治企，大孝可以治国"。其实，我们阅读历史就会发现，周朝绵延800多年，原因就在于其历代君王都以孝悌来治国。

在周朝，孝悌就有了相当扎实的基础。周武王的父亲是周文王，周文王的父亲是王季，周文王对他的父亲非常孝顺，做到了"晨则省，昏则定"。每天早上、中午和晚上，他都会去问候父亲，看看父亲睡得好不好，吃得好不好。假如父亲的胃口不太好，他就会很着急并为其调理。等父亲的身体状况好转，恢复正常，他才觉得宽慰。

在周文王的榜样的作用下，周武王也非常孝顺。据说有一次周文王生病，周武王服侍在侧，12天没有睡觉，尽心尽力照顾父亲。

1.3.2　孝可感化他人，成就自己

孝文化，在各个历史时期表现出不同的特点，诠释着中国人的道德伦理，形成了民族的凝聚力。

东汉时，临淄人江革从小聪明好学，6岁时就会写文章。江革少年时，父亲去世，他早早担起侍奉母亲的职责。

有一年战乱，江革背着母亲逃难，在逃难途中遇到强盗，这些强盗不但要抢他身上仅有的财物，还想让他也当强盗，否则就要杀掉他。孝顺的江革担心母亲挨饿，就不顾自己的安危，向强盗苦苦哀求，希望强盗能念他老母亲没有人赡养，放他一马。

他的孝心打动了强盗，他们不忍心劫他，更不忍心杀他，其中有一个强盗还告诉他走哪条路能避免再遇到强盗。有几个强盗被他感动，思念自己的母亲，竟纷纷弃暗投明回家去了，可见孝心的力量。

后来，江革迁居江苏下邳，做雇工供养母亲，自己穷到打赤脚，却仍然厚待母亲。明帝时，孝顺又有才的江革被推举为孝廉，章帝时又被推举为贤良方正，任五官中郎将。

孝不分贵贱，上至天子，下至贩夫走卒，只要有孝心，在任何情形下，都能曲承亲意，尽力去做到。更为可贵的是，孝还能感化他人，优化社会风气！

1.3.3　孝心少年

还记得2016年11月3日，我国航天员景海鹏在天宫二号实时连线画面中朗读的第一封信吗？

"我们梦想有一天，太空邮局能把我们的歌儿送上太空，那样，我们就可以对着地球上所有的人唱歌……"这封"太空信"出自宁夏回族自治区中宁县宽口井中石油希望学校"春蕾女童"合唱团学生柯原之手。她也是中央电视台2017年大型公益活动"寻找最美孝心少年"评选出的"最美孝心少年"之一。

14岁的柯原生活在一个偏僻的小山村。为了生计，她的父母开了一家小小的凉皮店。

"妈妈没上过学，也不识字，因为这个原因她都不敢出远门，去一趟中宁县城也要有人带着，我就想着要教会妈妈认字。"怀着这样的信念，柯原一有时间就教妈妈认字写字。而母亲马保花也深知没文化不行，虚心地向女儿这个小老师请教。

在帮妈妈实现梦想的同时，柯原看到爸爸妈妈省吃俭用给自己攒学费，就想为爸妈分忧。暑假，当同龄的孩子跟着父母旅游时，柯原每天凌晨三四点钟起床，带上干粮到四五十里以外的枸杞种植基地打工，摘一斤枸杞能挣一块多钱。她被蚊虫叮咬、太阳暴晒，两只小手多次被尖刺扎破也不叫痛、不喊累，她只想多挣些学费，将来考上大学好带着妈妈到外面的世界看一看。

"最伟大的成就一开始都只是一个梦想。"

"橡果中沉睡着一棵橡树，鸟蛋里蜷缩着一只鸟，人类灵魂的深处蛰伏着一个逐渐醒来的天使。梦想是现实的幼苗。"

有梦的人生不迷茫。梦想是人生的路标，梦想是前行的灯塔，梦想是人生的蓝图，它在引导我们达成我们心愿的过程中，具有非凡的力量。

"妈妈赐予你身体，你点燃她的梦想。你用稚嫩的肩膀，扛起了全家的希望。"柯原带给我们的人生之美，不仅在于她为自己的梦想打拼，还在于她要帮助妈妈圆梦。

很多人以为孝道离我们很远，其实，孝道就在我们身边。小孝孝父母之身，中孝孝父母之志，大孝孝父母之慧。一个普通的农家女孩、年仅14岁的柯原为我们做出了榜样：在平凡的生活中践行的是孝道中的大孝。

1.4 《孝经》中的心理学：爱与情商

1.4.1 孝的三个层面

我们中国人重视孝道、讲究孝道，《孝经》作为儒家经典，字数不超过两千字，却把家庭里的伦理关系讲透彻了，堪称经典之作。

《孝经》的智慧往小了讲可以治家，往大了讲可以修身、治国、平天下。即使在如今文化多元化的环境下，孝依旧有重要价值。经由孝生发出来的智慧，遍布我们生活的方方面面。

从现代心理学角度来看，《孝经》是符合心理学原理的，我们从三个层面来解读一下孝（图1-1）。

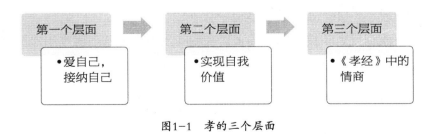

图1-1　孝的三个层面

1.4.2　孝的第一个层面：爱自己，接纳自己

我在初读《孝经》时看到"身体发肤，受之父母，不敢毁伤，孝之始也。立身行道，扬名于后世，以显父母，孝之终也"。又看到"夫孝，始于事亲，中于事君，终于立身"。我很不解，怎么两个"始"两个"终"呢？

在我反复学习《孝经》后，才有了新的感悟。其实，第一个"始"和"终"说的是孝的原理，第二个"始"和"终"说的是尽孝的途径和方法。

"身体发肤，受之父母，不敢毁伤，孝之始也。"意思是说，我们的身体四肢、毛发皮肤，都是父母赋予的，不敢让其有所损毁伤残，这是孝顺的开始，也可以理解为爱自己就是孝。

周国平说："自爱者才能爱人，富裕者才能馈赠。给人以生命欢乐的人，必是自己充满着生命欢乐的人。一个不爱自己的人，既不会是一个可爱的人，也不可能真正爱别人。"

爱自己是心理学中一个很重要的议题。一个人不接纳别人，主要根源是不接纳自己。我们做心理疏导就是用心理技术引领咨询者找到接纳自己、爱自己的力量，从而让其改善不良状态。

不爱自己、不接纳自己的人，在现实生活中一遇到困难和挫折就会怨天尤人，进而或怨恨自己，或自暴自弃。更有甚者，有自残和自杀等过激行为。这种连自己都不接纳，连自己的生命都不珍惜的人，何以接纳父母？不接纳父母，自然也就谈不上孝了。

所以，学会接纳自己，学会爱自己，既是心理学中的疗愈，也是孝的开始。

我在讲课时，一说到第一要务是学会爱自己，很多人的第一反应是：爱自己不是自私的吗？

我们想想，乘坐飞机的时候，乘务员会告诉我们：不管你是带着不会走路的孩子，还是带着行动不便的老人，如果遇到紧急情况，你要先用救生工具武装自己，才能够去帮助别人。否则的话，你不仅不能帮助你的孩子和老人，自己的生命安全也保证不了。

在生活中也是同理。如果我们自己没有爱，或者没有学会爱、不会爱，那我们就没有能力去爱我们的父母，长大之后也不可能真正地爱我们的另一半，也不会真正地爱我们的孩子。

我在从事心理咨询工作的过程中发现，那些出现心理问题的人，不管是什么问题，我们顺着他的成长经历往回追溯，会发现他们都有共同的病根——不接纳自己，不爱自己，感觉自己不够好，感觉自己没有价值或没有能力……

我们想进一步确认，便会问咨询者：你爱自己吗？你喜欢自己吗？

如果咨询者诚实的话，他会告诉你，他不爱自己，也不喜欢自己。或者他会告诉你，他哪儿哪儿都不好，不值得喜欢和爱。

我在讲课时经常会和学员互动：

"现场的各位朋友，认为自己不够好、不够爱自己的请举手！"

会场中大部分人会举手。

"好，感谢大家的配合！那我再做一个调查：认为自己不孝的请举手！"

刚才那些认为自己不够好、不爱自己的朋友却不举手了。

很多人有一个奇怪的想法，你可以说我不好，但不能说我不孝。其实那是一回事，不爱自己、不接纳自己，用《孝经》的理念来说就是不孝。

这里说的爱自己、接纳自己包含两个层面的含义：一是能确认和接纳自己身体、能力和性格等方面的正面价值，不因自身的优点、特长和成绩而骄傲；二是能正视和欣然接受自己现实中的一切，不因自身存在的某种缺点而自卑。

接纳自己，既要接纳自己的优点，也要接纳自己的缺点。自我接纳是接纳他人、爱他人的基础。

我们今天通过向西方学习心理学才了解的心理原理，我们的祖先在2500多年前就懂得，而且一直在运用和教化后人，只是我们不知道，还盲目地认为孝是迂腐。

什么是孝？从心理学的角度说，爱自己、接纳自己就是孝，顺便还能赚一个孝的美名。

1.4.3　孝的第二个层面：实现自我价值

所谓实现自我价值，就是指人们在个人生活和社会活动中，通过工作对他人和社会做出贡献，自我价值的实现必然要以对社会的贡献为基础。

心理学家马斯洛认为，人的一切行为都是由需求引起的，他把人类所有需求划分为五个层次，生理需求、安全需求、社会需求、尊重的需求、自我实现的需求，从低级到高级依次排列为阶梯状（图1-2）。

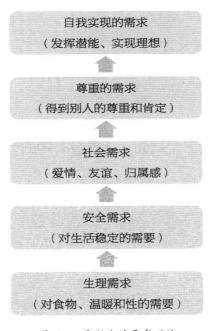

图1-2 马斯洛的需求理论

马斯洛提到的最高级的自我实现的需求，与《孝经》中的"立身行道，扬名于后世，以显父母，孝之终也"意思是一样的。这句话的意思是，人在世上，遵循仁义道德，有所建树，扬名声于后世，从而使父母显赫荣耀，这是孝的终极目标，也是让自我价值淋漓尽致体现的途径。

古代的贤臣名将，诸如名垂青史的卫青、霍去病、岳飞、王阳明等国之栋梁，通过做官、立身行道来为国家、民族做贡献，从而实现自我价值，成为后人仰慕的英雄和榜样。即使在今天，人们也要利用自己的才华为国家和社会做贡献来实现自己的价值。比如，享誉世界的农业科学家、"杂交水稻之父"袁隆平，让华为进入世界500强企业的任正非，在互联网大潮中创立阿里巴巴的马云，等等。

因此，每个人最大的任务就是成为自己、活出自己。这是我们能为这个世界做得最大的贡献，也是我们灵魂的渴望。

1.4.4　孝的第三个层面：《孝经》中的情商

《中庸》曰："天命之谓性，率性之谓道，修道之谓教。道也者，不可须臾离也，可离非道也。……喜怒哀乐之未发，谓之中；发而皆中节，谓之和。中也者，天下之大本也；和也者，天下之达道也。致中和，天地位焉，万物育焉。"

意思是，人的自然禀赋叫作"性"，顺着本性行事叫作"道"，按照"道"的原则修养叫作"教"。"道"是不可以片刻离开的，如果可以离开，那就不是"道"了。喜怒哀乐没有表现出来的时候，叫作"中"；表现出来以后符合节度，叫作"和"。"中"是人人都有的本性，"和"是大家遵循的原则，达到"中和"的境界，天地便各安其位，万物便生长繁育。

喜怒哀乐是每个人天生就有的情绪，正确地表达这些情绪才是顺着本性行事，也就是在"道"上。现在心理学中有个很时髦的课程叫情绪管理，它把人的情绪分为积极情绪（也叫正面情绪）和消极情绪（也叫负面情绪）。因为现代人的负面情绪过多，所以情绪管理更多的是教大家如何管理负面情绪和如何保持正面情绪，好像只要是负面情绪都是不好的。

现在的家庭教育也过分地强调快乐教育、赏识教育，只要快乐情绪，不要其他情绪。一些父母对孩子过度宠爱，每天把孩子照顾得周全妥帖，在他们看来，孩子要天天高兴，天天笑，不能有一点悲伤，更不能哭。只要孩子脸上带一点忧虑，他们就慌了，轻则嘘寒问暖，重则怀疑孩子患有心理疾病，甚至带孩子寻求心理医生的帮助。

其实，人的任何一种情绪都有其积极的一面。悲伤的情绪只要恰如其分地表现出来就好；而积极的情绪在悲伤的环境里表达出来就是不合时宜，不仅不能给我们愉悦的感觉，还会引来麻烦。

2017年11月15日，安徽高速公路上发生一起连环车祸，而一位年轻的女主播以现场被烧得面目全非的车架为背景，带着灿烂的笑容比剪刀手自拍，引起了众怒。虽然这位女主播在事后向公众道歉，说这只是别人邀请她拍的，但她还是被解雇了。

人的喜怒哀乐情绪的表达要与环境相符，与氛围相融。《孝经》告诉我们，当喜则喜，当哀则哀。高兴时可以大笑，悲伤时可以大哭，只要"表现出来且符合常理、有节度"即可，做一个有血有肉、有情有义的真人。

《纪孝行章第十》云："孝子之事亲也，居则致其敬，养则致其乐，病则致其忧，丧则致其哀，祭则致其严。五者备矣，然后能事亲。"《二十四孝》"戏彩娱亲"中的老莱子，在孝顺父母、供奉双亲时，70岁尚不言老，常穿着五色彩衣，手持拨浪鼓如小孩子般戏耍，以博父母开怀。一次为双亲送水，进屋时跌了一跤，他怕父母伤心，索性躺在地上学小孩子哭，二老大笑。

《孝经》第十八章："子曰：'孝子之丧亲也，哭不偯，礼无容，言不文，服美不安，闻乐不乐，食旨不甘，此哀戚之情也。……擗踊哭泣，哀以送之'。"

意思是，孝子失去了父母亲，哭得发不出悠长的哭腔；礼节上失去了平时的端庄，言语没有了华丽文采，穿上漂亮的衣服心中就不安，听到美妙的音乐也不舒服，吃美味的食物也觉无味，这是孝子的真情流露。

平时斯文的孝子，在哭丧时可以哭天抢地、捶胸顿足，不必顾及斯文。

现在有些家长怕影响孩子的学业，家里有丧事也不告诉孩子或不让孩子参加送葬仪式；有些有身份的成功人士在至亲的丧事中也表现得极为冷静，怕影响自己的形象。殊不知，躲避或一味地压抑所谓的负面情绪，就是在培养没有情感的机器人。

人一旦没了情感，在与人相处的过程中，会缺少同理心，不能及时感知他人的情绪变化，不会换位思考，不会共情，情绪表达与环境不相匹配，用现代的语言说就是情商低。

第 ② 章

孝的本质：

人性与人情

2.1 生命教育：珍爱生命即是孝

2.1.1 在孩子的心田栽种一棵生命树

作家郑渊洁说："每个孩子都是天使，关键在于我们怎样培养教育他们。"对于父母来说，孩子是家庭的希望，望子成龙望女成凤，是天下所有父母的共同愿望。不管自己吃多少苦，受多少累，都要把孩子养大成人。

然而，近年来出现的一些状况，让很多家长和老师始料不及。

一个11岁男孩因没有完成作业，害怕受到老师的责罚，悄悄喝下剧毒除草剂自杀。

为什么有的孩子在生命力最旺盛的时期，会因为在常人看来简直是鸡毛蒜皮的小事就轻易地放弃了生命呢？

或许有很多原因，但最重要的原因就是他们没有真正认识到生命的珍贵，从而导致他们漠视自己的生命。说确切一点就是，他们缺乏对生命的深刻认识和尊重，缺少人生最重要的一课，那就是生命教育。

说到生命教育可能有的家长比较陌生，大多数家长只知道要教育孩子学知识、考名校，对于生命教育却知之甚少。

那么，什么是家庭生命教育呢？所谓家庭生命教育就是以生命为核心，以家庭教育为手段，让孩子认识生命、尊重生命、珍惜生命、保护生命、热爱生命、提升生命质量、获得生命价值的教育。

千教育万教育，让孩子认识生命的重要性是第一位的教育；千素质万素质，珍惜生命、热爱生命才是最基本的素质。缺失了生命教育，孩子的生命就会变得很脆弱。父母含辛茹苦地把孩子养大，千方百计地教他学这学那，而孩子在生活中碰到一点点小事，就把自己毁灭了，这是多么令人悲痛的事情啊！

所以，无论孩子多大都要补上生命教育这一课。我在以往的家长课上，第一课就是讲生命教育。听过我的课的朋友都知道，我的生命教育分为三个小主题：一是从珍惜生命的角度来探讨"生而为人，弥足珍贵"；二是从发展生命的角度来探讨"生命因积极而精彩"；三是从创造生命的角度来探讨"生命因独特而卓越"。这三个主题就像是给孩子的心灵栽种了三棵树，分别代表着人生观、价值观和世界观。从人生观的角度来讲，就是要在孩子的心田栽种一棵生命树。

认知生命是珍惜生命的基础。我们让孩子从小认识到生命的宝贵，就相当于在孩子幼小的心灵上种了一棵生命树的种子，家长在和孩子一起成长的过程中，对孩子的爱与呵护就相当于给这个生命之树的种子浇水、施肥，让这棵生命树的种子在孩子的心田生根、发芽、生长、壮大。那么，这棵象征着积极向上的人生观的生命之树，不仅可以终止和摒弃自残、自毁的愚蠢举动，而且可以顽强地支撑其肉体的生命，战胜内部病魔和外部灾祸。

生命对于每个人来说都只有一次，是最宝贵的！当我们给孩子补上生命教育这重要的一课时，孩子就会珍惜生命，能够勇敢地面对现实，有能力也有勇气正确面对危机。所以我们说，生命教育是人生第一课。

生命本身就是美的，尽管上天赋予我们不同的容貌与身材，让我们诞生在不同的家庭与地区，但因为都是"人"，我们就无比伟大，因而足以自豪！

2.1.2　作践自己之身，伤害父母之心

爱惜自己的生命，不仅是对自身的尊重，也是孝的体现。

现在的一些年轻人，觉得身体是自己的，想怎样就怎样。他们跟古人"日出而作，日落而息"的生活方式背道而驰。加班族自不必说，半夜难以入睡者也不提，我们单说无所事事的夜猫子一族。他们讥讽地说："古人没有电灯照明，没有电视、电脑等电器，没有夜总会的娱乐，没有手机可以刷屏，不早早睡觉干吗去呀！"然而无论是刻意地熬夜还是无奈地失眠，这种黑白颠倒的生活方式对人身体的伤

害是非常大的，一些活力四射的年轻人因此成了病猫子。

在一次传统文化学习班上，有一位22岁的小伙子，他身材消瘦，脸色苍白。大家早上做早操时，我89岁的婆婆、六七十岁的学员、四五十岁的学员、二三十岁的学员，大家都感觉舒展舒展筋骨非常好，可是这位22岁的小伙子却突然晕倒在地。经验丰富的老师一看就知道他是低血糖，赶紧给他喝了一杯白糖水，他才慢慢地缓过劲儿来。后来我们才知道，他长期通宵玩游戏，有时连续几天没黑没白地玩，本来挺壮实的身体变得弱不禁风了。他母亲管不了他，他自己也控制不住自己，这次是他母亲"花钱雇他"来学习传统文化的。

年轻人有权支配自己的身体和情感，然而生活无规律、无节制却把很多无知青年男女推向了深渊。

2019年7月31日，健康中国行动推进委员会办公室召开新闻发布会，中国疾控中心艾滋病防治组刘中夫主任，回答记者关于青年学生艾滋病防控问题时公布的数据是：中国15岁到24岁之间的青年学生近年来每年确诊艾滋病约3000例。

有人说，艾滋病是继战争之后人类面临的最大威胁。因为艾滋病很难治愈，一旦感染，基本上要陪伴到死，且死亡率极高。

《弟子规》说："身有伤，贻亲忧，德有伤，贻亲羞。"意思是说，不爱护自己，使身体受到伤害了，就会让父母亲为此而忧虑；不注重自己的品德修养，做出伤风败俗的事，就会让父母亲为此而蒙受耻辱。这些都是不孝的表现。如果尽早教育孩子，也许就能避免很多伤风败俗、自残和自毁的事发生了。

2.1.3　珍爱生命，感恩父母

在孝道教育中，最基本的要求就是要爱护自己的身体，要珍爱自己的生命。正如孔子所言："身体发肤，受之父母，不敢毁伤，孝之始也。"《吕氏春秋·孝行》中也有"父母全而生之，子全而归之，不亏其身，不损其形，可谓孝矣"。亏其身、损其形均为不孝，自毁其生命可谓大不孝。

一位女主播因整容失败从18楼跳下，结束了自己年轻的生命。花季般的年纪，为了整容而轻生，让人又痛心又气愤。

世间最痛之事莫过于白发人送黑发人，让父母余生在痛苦中度日是最大的不孝。

在孝道观念中，孩子的生命不只属于自己，还属于父母、家庭、社会乃至整个人类。子女的血肉之躯是父母赐予的，没有父母的赐予，就没有子女的一切。孝敬父母是孩子的义务，是对父母的感恩，当一个人心中牵念父母时，自然会爱护自己、珍视自己的生命。善待自己是对父母的尊重，是对父母的孝敬之始。

试想有这种孝心的人，会不珍视自己的生命吗？

一个真正懂得孝道的人，懂得生命的可贵，会通过向父母尽孝，来彰显自我生命的价值；会通过向父母尽孝，来展现自己的爱。这样的孝，既是对自身生命的尊重，又向父母表达了感恩之情。

2.1.4 敬畏生命才能善待众生

孝是生命教育的基础，更是爱的教育的至高境界。

经受过"生命教育"洗礼的人，会懂得每一个生命都是神圣的。生命如果有态度，那就是由爱自己、爱父母，延伸到爱他人、爱自然界的万物，这是对天地父母的报答。

我们在进行家庭教育注册讲师选拔时，几位蒙古族讲师给我们上了一堂非常重要的生命教育课。

蒙古族穿的靴子很漂亮，鞋头有装饰，是翘起来的，大家都以为是为了美观才这样设计的，但鄂尔多斯的一位蒙古族老师告诉我们，这样设计是为了尽可能少地踩伤小草，靴子头翘起来就能避免让鞋头底下的小草受到伤害。蒙古族是依赖广袤大草原的恩赐生存的，所以他们爱惜每一棵小草。甘肃的一位蒙古族老师说，她小时候挖野菜吃，有一种野菜的根茎很甜，她总是想多挖。可是母亲告诉她，够吃就可以了，要想明年还有的吃，必须保护好这些野菜，还把她多挖出来的野菜根茎又埋到地里去。朴实的分享，透着对生命的珍惜和敬畏、对自然的爱护和敬畏，让我们非常感动。

生命教育就在我们生活的小事当中。古人云："勿以恶小而为之，勿以善小而不为。"积小善方能成大德。

生命教育的意义在于让我们懂得爱、学会爱、学会尊重，当我们能够爱惜身边的一花一草、一树一木时，才可能拓展到爱世间所有的生命！

2.1.5　生命的传承

中华民族有着几千年的文明历史，尊老爱幼、孝敬父母的优良传统代代相传。"生我者父母"，这句流传千百年的民间俗语，道出了父母给予自己生命这一最朴素的事实，作为获得此恩泽的后人，理所当然要回报先人。正是在这种生命寻根和生命关怀的过程中，"孝"的观念得到生发、扩充和传承，孝道也就成为中国古人对人的生命活动的自觉意识的体现。

为了提倡孝道，古人明言："知为人子者，然后可以为人。"意思是说，懂得了自己作为"人子"应尽的孝道，那才谈得上是一个真正的人，才算是一个有人性的人。

孝道包括三个环节（图2—1）。

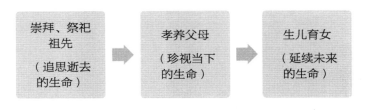

图2-1　孝道的三个环节

在古代社会的家庭关系中，这三个环节不断流动，完成了生命的传承。孝道的第一个作用是延续人类的生命。由此来看，孝承载着巨大的责任，既是个体生命存在的基础，也是家族生命系统存在的基础，还是民族和国家得以发展的根基。华夏先民正是将这种"孝"一代代传承下去，才逐渐积淀为中华民族的文化心理。生儿育女、传宗接代是保持家族兴旺的重要手段，也是人生至关重要的一种责任。

孝道的另一个作用，是对人的一种最基本的伦理要求，即立身处世的道德准则。一个孝字，几乎贯穿了人的一生：从孝敬父母到为人处世，再到修身立道。

《孝经》中说："爱亲者不敢恶于人，敬亲者不敢慢于人。"意思是说，一个孝顺的人对他人和社会必然会有一种善良和仁慈的心，这种爱心是可以被放大、被扩展、被外化的。这就是过去人们所说的"百善孝为先"，也是为什么说"人人亲其亲，长其长，而天下平"的道理。

孝包含了一切做人的道理，既是一个人身心和谐的最基本元素，也是家庭和谐、社会和谐及自然和谐的基础和起点，同时还能助力人实现"修身齐家治国平天下"的目标。

2.2 人性教育：善良是与生俱来的人性

2.2.1 人之初，性本善

有位学员给我讲过一个发生在她家的故事。她假期带着女儿回到农村的婆家，婆婆非常高兴，抓来一只鸡要杀掉给她们炖着吃。没想到，平时由婆婆照看的小叔家刚刚1岁多的孩子路都走不稳，还不会说话——看到奶奶要杀鸡，就拽着奶奶的胳膊哭。奶奶把刀放下，他就不哭了；奶奶拿起刀，他就又拽着奶奶的胳膊哭。这样折腾了好几个回合，奶奶一直下不了手。这位学员和女儿从屋里来到院子一看，立刻明白了怎么回事。她5岁的女儿说："奶奶不要杀鸡，它会很疼的，我不吃鸡！"

《三字经》开篇就说："人之初，性本善，性相近，习相远。"

意思是，人刚出生的时候，本性都是善良的，这样善良的本性大家都差不多，只是在成长过程中，由于后天的教化不同，也就有了善与恶的差别。

生命教育就是要保护好我们善良的本性，从爱自己、爱父母开始，拓展到爱所有的生命。

林清玄说："所谓美好的心灵，就是能体贴万物的心，能温柔对待一草一木的心灵。"一株植物、一只动物和人一样，都是生命的存在。每个生命都值得被珍惜、被尊重。

心存敬畏，敬畏生命，敬畏天地，敬畏自然。有了敬畏之心，我们才能够择善而行，否则就会出现对生命的漠视。

2.2.2　善良从善待生命开始

2018年，网上出现一段虐待小猫的视频，手段极其残忍。这个视频中的人没有露面，却能听见他在哼唱轻快的小曲。

令人胆战心寒的是，这个视频的发布者，是在校学生。一个虐待动物的人可能善待自己的同类吗？

现在校园欺凌事件频频发生，很多家长、老师束手无策，甚至无助地发问：这些孩子怎么了？人之初，性本善，这些孩子的善良哪里去了？他们的人性是如何泯灭的？

原因固然很多，但有两点特别值得注意：一是暴力游戏的示范效应，二是生活中的不当引领。一说到游戏，很多人视之为洪水猛兽，特别是一些家长因孩子沉迷于游戏而叫苦不迭。

其实，喜欢游戏是人的天性，游戏对人的影响也有积极的一面，关键看游戏的内容。

有些游戏能够带给人愉悦感，让知识变得有趣，让学习变得轻松，能够缓解疲劳，激发人的创意。心理咨询师也经常借助一些游戏对咨访者进行诊断和心理疏导。比如沙盘游戏，就是一种重要的心理疏导技术。

而有些游戏却跟心理咨询师做的工作恰恰相反，在游戏的过程中扭曲人的心理，堪称电子毒品。特别是那些打打杀杀的暴力游戏，是致使孩子狠心、残忍的教唆犯。

游戏本身并不可怕，游戏的可怕之处也不是耽误学习，而是内容不健康的游戏会腐蚀孩子的心灵，扭曲孩子的人性。

除了电子产品的侵蚀外，一些家长在现代生活中无形中养成了孩子的残暴而不自知。

人和动物的区分是从同情心开始的，或者说人沦为动物是从同情心的麻木、丧失开始的。中华五千年文明，古圣先贤早就给我们留下了做人的标准。孟子对"人"的界定是："无恻隐之心，非人也；无羞恶之心，非人也；无辞让之心，非人也；无是非之心，非人也。恻隐之心，仁之端也；羞恶之心，义之端也；辞让之心，礼之端也；是非之心，智之端也。"

意思是，作为人应该具有怜悯心、羞耻心、礼让心，并能分辨是非善恶。有了怜悯心才是仁，有了羞耻心才懂义，有了礼让心才知礼，明辨是非善恶才具智。简而言之，没有"仁义礼智信"的品德，泯灭了人性就不能称其为人。

2.2.3　孝心尽显人性之美

在江苏盐城的石桥处，建有"卧冰求鲤"的古代孝子祠——王祥祠。就在这样一个纪念孝子之地，却发生了一起少年弑母案。

孟子云："人之所以异于禽兽者几希。"人区别于禽兽的地方只有很少一点点，分水岭就在于人有良知、能知义、能尽孝悌之道。

宋朝理学大师朱熹手书的"孝"字，字形正看是一子跪地抱拳侍奉梳着高高发髻的老人，反看是一只正在拳打脚踢的猴子。这幅字意在劝告人们要孝敬父母，否则便畜生不如。

我们且不说禽兽中有"乌鸦反哺""羔羊跪乳"这样感恩的举动，就是虎狼那样凶狠的动物，也不会伤害自己的父母。而我们作为文明的人类，一旦丧失了人性，却比最凶狠的动物还残暴。

现在很多人喜欢养宠物，是因为动物有人性。无论是人还是动物，展现出人性的一面，都是非常美好的；人性中有也兽性，兽性过度就连禽兽都不如了。如何克服兽性而彰显人性？或者说，如何使人能够成为人而不至于堕落到动物的行列中去？走孝道之路可谓正确的选择，因为孝道即人道。

2.3　亲情教育：孝起源于爱

　　曾子曰："身也者，父母之遗体也。行父母之遗体，敢不敬乎？"意思就是，我们的身体是父母所生，对于父母给予的身体，我们怎敢不爱护呢？每个人都与自己的父母血脉相连，情感相通，只有尊重自己的父母和祖先，才能为自己的血脉自豪，试想一个不尊重父母的人，他的自信从何处来？要真正地孝敬父母，感恩父母，就得让孩子从认祖归宗做起，即亲情教育。

2.3.1　浓浓的亲情一直温暖着我

　　由蔡国庆、陈红、江涛、张迈共同演唱的《常回家看看》，是1999年中央电视台春节联欢晚会上最著名的歌曲。20年后的今天，这首歌仍然令人百听不厌，仍能引起大家的共鸣，是因为它表达了中华儿女对家的那份亲情和父母对子女的心声，提醒忙碌了一年的年轻人，工作再忙也不能忘记亲情，路再远也要回家看看老人。

春运，是中国特有的词汇。BBC英国广播公司拍摄的中国春节纪录片《归乡》，把我们俗称的"春运"称为"全球最大规模的人口迁徙"。

纪录片中说，大约有10亿的人口会在40天内35亿次出行，这几乎相当于让非洲、欧洲、美洲、大洋洲的总人口搬一次家。

在飞机票、火车票一票难求的情况下，近千万的外出务工者，组成了横跨中国的摩托车队，就算天气恶劣，寒风刺骨，也阻挡不了他们回家的决心。

在惊叹"这世间，再无第二个国家有能力承载如此庞大的人流量"的同时，他们也很难理解中国人回家过年的热情为什么如此高涨。

中华民族是一个注重亲情的民族，团圆、行孝的文化传统将中华大地变成巨大的情感磁场。回家过年是中国人特有的情怀，千百年不变。在外打拼的游子们，"路再远，也要回家过年"，这是融入无数中国人血脉里的信念，是一年一度的"心灵朝圣"。

现在过年，虽然没有过去的年味浓厚，但围桌吃一顿团圆饭，拉拉家常、聊聊天，也是亲情的连接，奔赴的是亲人之间那久违的心灵盛宴。

然而，并不是所有的人都看重这份亲情，珍惜亲人之间彼此的感情。与生龙活虎的春运归乡大军形成鲜明对照的，除了因工作春节回不去家的人之外，还有一部分人以工作忙、没买到票、路途遥远为借口，甚至没有借口，就是为了躲避亲情，宁愿只身在他乡漂泊，咀嚼着孤独，品尝着凄凉，也不愿意回家。

王某到北京打工已经11年了，从离开家的那年起，他就再也没有回过家。头几年还给家打个电话，拜个年，近几年连电话都不打了，只发条微信应付了事。问其原因，他历数父母对他的伤害之后，还加了一句："懒得搭理那些三姑四舅二大爷，麻烦，烦！"在王某的心中没有亲情，他也没有孝的意识。

亲情是亲人之间的亲密感情，就是在"麻烦"中体现的。有长辈对晚辈的精心呵护，有晚辈对长辈的尊重和敬慕，有父母和孩子之间彼此的牵挂，有兄弟姐妹之间的手足之情，有伤心时的慰藉、有困难时的支援，有喜悦时的庆贺、有久别之后的思念……

亲情是世间最美丽、最动人的感情，认亲的人才有人情味。与长辈之间的情感互动是培养孝心的最好方式。

我出生在一个传统家庭。近年来，随着长辈的过世，亲戚走动得越来越少，总感觉亲情越来越淡了。只有兄弟姐妹的孩子们结婚时，亲戚们才难得的相聚在一起。关于浓浓的亲情已是久远的记忆了，每每回想起来，心里总是暖暖的。

我的祖籍是河北省白洋淀。我爸爸有一个哥哥一个姐姐。我们管爸爸的哥嫂叫"大爹大妈"，大爹家的孩子管我的爸爸妈妈叫"老爸老娘"。

小时候过年，我记忆最深的是，大年三十的下午，爸爸带着家中的男孩们去大爹家，会同大爹和堂兄弟们一起去给过世的爷爷奶奶上坟。据说是天擦黑了、打着灯笼才能去烧纸，所以，我家的年夜饭总是很晚，因为要等爸爸和哥哥弟弟们回来才能开饭。大年初一第一件事是给爸妈磕头，之后，我的哥哥、弟弟会去给大爹大妈拜年磕头，给大姑姑夫拜年磕头。大爹和大姑家的兄弟们也来给我爸妈拜年磕头。姑娘们是结了婚之后才去给长辈们拜年的。

结婚之后是要带着礼品去给长辈拜年的。记得我刚结婚那几年，每年过年都买好多罐头、点心及水果，然后分成好多份：这是大爹家的，这是大姑家的，这是老舅家的，这是二姨家的，这是四姨家的……记得当时我还跟父母抱怨"就咱家亲戚多，正月光拜年了。"那时交通工具只有自行车，在零下十几度的气温下，路又远又滑，有时一上午只能去一家。现在想想，那时天寒地冻，心却是热的；东西不多也不值多少钱，可是那份认亲的心情和浓浓的感情却弥足珍贵。

认亲就是孝。我们连对父母的兄弟姐妹都要表达一份敬意，那么对生养我们的父母还用说吗？孝就表现在亲情之中。

"大爹大妈""老爸老娘"，从称呼上就知道他们是我的近亲。遗憾的是，这么好的传统到我们下一代改了，他们现在叫"大爷大娘""叔叔婶婶"，我个人认为无形中拉远了亲情的距离。

远去的大杂院、四合院、村庄，七大姑、八大姨，堂叔表舅、妯娌连襟，今天人们交流沟通时感到更多的是"比邻若天涯"。

2.3.2　孝心从感恩开始

《孝经》曰："五刑之属三千，而罪莫大于不孝。要君者无上，非圣人者无法，非孝者无亲。此大乱之道也。"意思是说，古代的刑法有五大类，三千种之多，其中不孝的罪行最大。顶撞君主的人，是心中没有君主的存在；诋毁圣人的人，是心中没有礼法的存在；没有孝道的人，是心中没有父母的存在。这三种恶行，都是造成天下大乱的根源。

反复学习，用孝道智慧观察现实生活，越发会感觉到孔老夫子的伟大。

田大哥是我在北京认识的一位朋友，年轻时从过政，后来下海经商，是一位事业有成的人。我们在交流时，他非常认可"不认亲就是不孝"的观念。

田大哥只有一个儿子，他像很多父母那样望子成龙，从儿子幼儿园开始，便给儿子找最好的老师、最好的学校，儿子大学刚刚毕业又送他到国外留学。后来儿子从美国留学回来，田大哥又通过关系给儿子安排了一份不错的工作。房子、车子也全部准备好。

田大哥以为晚年的幸福生活高枕无忧了，可没想到，接下来的一件又一件事，让他瞠目结舌。

先是儿子处对象的事。左挑右挑，36岁那年，儿子终于找到了满意的对象——一位模特。田大哥很高兴，催着他们定结婚的日子，好给他们办一个风光的婚礼。没想到，儿子的一句话让田大哥的心揪了一下："我俩啥时候结婚是我俩的事儿，跟你有啥关系？"

田大哥说："婚礼不是需要时间筹备嘛！"没想到儿子的话又把他噎回去了："别拿那低俗的婚礼说事儿，我俩不感兴趣。"

2017年10月，38岁的儿子终于通知父母要结婚了，但让田大哥没想到的是，儿子说："婚礼不用办了，给我们再准备300万存款就行了。"

田大哥明白了，如果不是要钱，儿子连结婚都不会通知他们老两口。

看到父母沉默不语，儿子又说了一句"剜心"的话："300万，给不给？说个痛快话！不给，就断绝父子关系！"

田大哥的老伴当时就气得休克了，送到医院也没抢救过来。处理完老伴的后世，孤身一人的田大哥思前想后，还是给儿子拿了300万。

2018年5月，田大哥忐忑不安但还是抱有一线希望地给儿子打电话："后天是我66岁的生日，我在酒店订了午宴，你和媳妇能回来陪我过个生日吗？"

儿子的回答让田大哥的心彻底凉了："我跟朋友已经约好了，我们有活动，没时间参加你的生日午宴。"

那一刻，田大哥做了一个重要的决定：把他现在居住的价值2000多万的房子过户给他的远房亲戚、从老家到北京来打工的表弟友子。

友子是田大哥表叔的儿子，到北京打工10多年了，一直租房住。每逢过年过节，友子都买上礼物带着妻儿来看望表哥表嫂，他很珍惜亲情。他说，在北京，就田大哥这么一位亲人。

开始，田大哥根本没有把友子当亲人，只是家里有些事情总需要有人照应，儿子指望不上，便指使友子忙前跑后，而友子从来没有任何怨言。这些年，对田大哥来说，友子比儿子还亲！

很多人竭尽全力、倾其所有培养了一个不懂感恩、不孝敬父母的孩子。与田大哥有类似经历的人不在少数。究其原因，传统文化断层，亲情教育缺失无疑是其中之一。

亲情教育是建立在血缘关系基础上的道德教育。孟子说："幼而知爱其亲，长而知敬其兄。"

一个人如果从出生到长大，缺少家庭伦理教育与亲情教育，长大成人后，可能就会情感冷漠、道德观念淡薄，就像田大哥的儿子那样。

所以，加强家庭伦理教育，要从开展亲情教育开始，要让孩子认亲，感受亲情的美好。能够成为珍惜亲情的人，自然能够做到"亲其亲，长其长"。

孝敬父母、尊敬长辈是中华民族的传统美德，也是社会主义道德建设的基本要求。而加强孝亲教育，关键是要树立感恩意识。由于婴儿在母体中孕育，在父母的怀抱中长大，所以最初的感恩意识是在与父母和直系亲属之间培养的。

2.3.3　亲情传递爱的能量

孟子曰："道在迩而求诸远，事在易而求诸难。人人亲其亲，长其长，而天下平。"这句话告诉我们，路很近，却偏偏要跑到远处寻找；本来很容易的事，却偏偏要往难处去做；其实，只要人人都亲近自己的亲人，尊敬自己的长辈，天下就可以太平了。

亲情不用远求，就在自己的家里，就在琐碎的生活小事当中。

我出身于一个普通得不能再普通、平凡得不能再平凡的家庭，但我常常感到被浓浓的亲情所包围。

我们兄弟姐妹8人，父亲是普通的工人，母亲是家庭妇女。勤劳善良的父母用微薄的工资把我们养大。父亲走得早，他50多岁去世时，我们兄弟姐妹成家的有4个，还有4个没有成家。这对一辈子没有外出工作过的母亲来说，压力可想而知。已经成家的大姐和大哥说话了："妈，你别愁，还有我们呢。"就这样，弟弟妹妹结婚时，我们兄弟姐妹之间大的帮小的，条件好的帮条件差的，从来没让母亲犯过难。

现在，我们8个兄弟姐妹都生活得挺好，母亲88岁了，跟小弟弟在一起生活，小弟媳也非常孝顺，母亲生活得很舒心。大字不识一个的母亲，还学会了上网，每天看抖音和火山小视频上的美食教程，有时还亲自下厨试验。

我们有一个家庭微信群，小弟弟和小弟媳经常把母亲的视频发到群里。母亲长出几根黑头发，大家立即开心地说老妈返老还童了；母亲穿上大姐给她买的新衣服，大家说老妈像模特。母亲抱来各式各样的衣服，历数这个是谁买的，那个是谁买的，还不断"警告"儿女，千万别再买了，说到死都穿不完了。我们兄弟姐妹在群里哈哈大笑，说老妈搞服装展览呢。

什么是亲情？就是你开心，我高兴；你伤心，我难过。

在我们家庭微信群里，晚辈有进步了，谁家有好事了，祝贺的图片、语音和文字信息就会刷屏；节假日个个争着抢着发红包，当然抢红包个个也不示弱……2020年春节，因新冠肺炎疫情的影响，大家都宅在家里，小弟弟在群里出了一道计算题，没想到全家老少齐参与，结果竟然有十多种，每个人都说自己算得对，大家笑声一片，并自嘲地说："咱家人不能做生意，这点账都算不清，做生意准得赔。"

亲情就是关注你关注的，分享你分享的。

我跟朋友分享我们家庭微信群的故事，朋友竟然泪流满面。我很不解，她对我说："真羡慕你家这种亲情互动。"她讲了她家的故事：

她家也有一个家庭微信群，只是平时很少有人说话。偶尔有兄弟姐妹晒一晒自家的照片，捧场的也极少。在婆婆86岁生日即将到来之际，她的丈夫怕大家忘记老妈的生日，就群发了一条邀请信息，写明日期，并诚挚地邀请同辈及晚辈来参加老人的生日庆典。没想到，消息发出去两天，没有一人回复。第三天，她大姑姐晒出了孙子在游乐园游玩的照片。朋友伤心地说："孙子玩难道比母亲的生日更值得关注吗！"

亲人之间没有了亲情，会让人感到心凉！这种冷漠叫"不关我的事"。

每个人都希望"我的生活"越来越好，然而如何才能更好？

《孔子家语》上记载着这样一件事，也许会给我们一些启发。

鲁国的君主向孔子请教："我听说向东方扩展房屋是一件不祥的事，这件事可不可信呢？"孔子回答说："我只知道天下有五种不祥的事，但其中不包括向东扩展房屋。"

孔子说天下的五种不祥之事是："夫损人而自益，身之不祥也；弃老而取幼，家之不祥也；释贤而用不肖，国之不祥也；老者不教，幼者不学，俗之不祥也；圣人伏匿，愚者擅权，天下不祥也。"

其中前两种不祥是与孝相关的，我们来看一下。"损人而自益，身之不祥也"，就是损人利己，会最终害了自己。"弃老而取幼，家之不祥也"，就是不照顾老人，而是照顾孩子，这个家庭就不祥和了。

亲情是家人之间的美好感情，不亲哪有情？无情哪有亲？有亲才有情。

2.3.4 凡是人，皆需爱

《孝经》云："故亲生之膝下，以养父母日严。圣人因严以教敬，因亲以教爱。圣人之教不肃而成，其政不严而治，其所因者本也。父子之道，天性也，君臣之义也。父母生之，续莫大焉。君亲临之，厚莫重焉。故不爱其亲而爱他人者，谓之悖德；不敬其亲而敬他人者，谓之悖礼。"

我们经常讲"承欢膝下"，孩子与父母之间温暖的亲情就是人性。同时，孩子对父母长辈不仅有亲密感，还有尊重；父母对孩子的养育和管教，体现了父母的威严。父母有时其中一人兼具"慈"和"严"，有时是父亲和母亲分别扮演着"严父"和"慈母"的角色。

我有一个同事，为了培养孩子的独立生活能力，寒假让孩子去麦当劳打工，尽管天很冷，她也很心疼孩子，但还是让孩子一直坚持，孩子第一天领工资回家，一进门就说，快来看，我给你带的什么好吃的？只见他从怀里羽绒服口袋中拿出三块鸡翅、一包薯条，他自己很饿，也没舍得吃，拿回来给妈妈吃。我同事特别感动。对孩子的"严"与"爱"是分不开的，亲情永远是家中的主旋律。

"亲"和"严"能够让我们领悟到哪些与人相处的道理呢？古代圣人观察到人的特质和人成长的模式，将之运用到社会风气的教化之中，体现为"敬"和"爱"。如果每个人在家中都会尊重长辈，在社会中当然也就会尊重师长、尊重领导、尊重国家。

　　《弟子规》中说："凡是人，皆需爱。天同覆，地同载。"只要是人，都需要爱。大家都生活在同一片蓝天下，同一块大地上，让爱如阳光，温暖你我；让情如春风，绽放出最美的笑容。

2.4 祭祖教育：不忘我们的生命之源

2.4.1 祭奠祖先，传承美德

黄帝姓姬，号轩辕氏或有熊氏，是中国远古时代华夏民族的共主，五帝之首，被华夏儿女尊为中华"人文初祖"，是中华儿女的血脉之源。

黄帝当了部落首领后，教导族人要谦和礼让，家庭要和睦，并制定生老病死的礼仪制度；教人们建造房屋、喂养家畜、种植五谷，还发明了车、船、乐器和文字等；教导族人要知道满足，懂得感恩——由此可知，敬天爱人、祭奠祖先是我们表达感恩的重要的方式。后人也将这一重要方式传承了下来。

中华民族能发展到现在，正是源于我们祖先的英明，这也是传统祭奠的意义所在——与其说我们在祭奠先人，不如说我们在用祭奠的方式缅怀和感恩先人留给我们的宝贵的精神财富！

其实早在2000多年前，我们的先人就开始在黄帝陵祭祀。历朝历代的皇帝，几乎都亲自祭奠过黄帝陵，以此来纪念和感激他为后代做出的贡献。现在每年的清明节，都会有很多人到黄帝陵去祭奠。

2.4.2　感恩祖先的"四节"

数千年来，我国源远流长、光辉灿烂的文化孕育、造就了众多名垂青史的风云人物。无数明君忠将、圣人贤哲、英雄豪杰不仅让我们的中华民族发展壮大，也创造出光辉灿烂、享誉世界的中华文明，塑造了中华民族独特的精神气质和精神品格。

我们的先人，为国家之兴旺、民族之崛起励志修行，给我们留下了自强不息、拼搏奋进的精神食粮，也给我们留下了极其宝贵的传统美德。

《左传·文公二年》中说："祀，国之大事也。"《国语·周语》中说："夫祀，国之大节也。"由此可知，历朝历代都有祭祀的礼仪和制度，称为国家祀典。

我们要怀着一颗至诚至敬的心，来祭奠我们的祖先，缅怀祖先的英德，感念祖先的教诲。祭祀大地，报天地覆载之厚德；祭祀祖先，报先辈养育护佑之恩惠。

感谢我们的祖先，祖德如山天地久，宗恩似海日月长。物有报本之心，人有思祖之情，饮水当思源，为人不忘本。

虽然祭奠祖先的传统在我国各个地方不太一样，但"四节说"却是全国人民共同遵从的节日（图2-2）。

图2-2　全国人民共同祭奠祖先的"四节说"

春节

春节作为中华民族最重要的传统节日，历来备受关注。中华民族历来以孝为美德，每逢佳节倍思亲，在生者团圆的同时，我们仍然不忘对逝者的思念。所以，每年农历的大年三十下午或傍晚（有的地方是在大年初一），人们会带着祭品去上坟，以表达对先辈的追思。

清明节

清明节是中华民族古老的节日，也是一个很重要的节气。清明节是传统的重大春祭节日，扫墓祭祀、缅怀祖先是中华民族自古以来的优良传统。

中元节

每年农历七月十五日被称"中元节"，有些地方俗称"鬼节""施孤"，又称亡人节、七月半。俗传去世的祖先，七月初会被阎王释放半月，故有七月初接祖，七月半送祖的习俗。

寒衣节

寒衣节是在农历十月初一，就是给祖先送寒衣的节日。《诗经·豳风·七月》提到"七月流火，九月授衣"，所以又称授衣节。

如今寒衣节祭祀祖先的仪式与古时大致相同。十月初一前后，长辈带领儿孙拿着供品去上坟。出嫁的女儿，也于这段时间回娘家，为去世的父母送寒衣。

需要提醒的是，在祭奠去世亲人的传统节日里，我们需要正确看待迷信与感恩的关系，用祭祀这种方式来培养感恩的品德。特别是要做到在追思已故亲人的时候，既不造成经济上的浪费、环境的破坏，又不因此过度悲伤。生者只有自己生活得幸福，才能告慰逝者的在天之灵。我们活得好，是他们最大的愿望。

2.4.3　与祖先连接

孩子是父母的孩子，父母是父母之父母的孩子，子女是父母生命的延续，在家庭血脉的河流里，祖先和父母如同上游的水，而我们子孙则是下游的水。父母是我们生命的源头，是我们的根，这个生命源头蕴含着巨大的能量，这也是为什么生命可以生生不息一直传承的原因。所以，我们对父母的孝，更多的是一种感恩，感恩他们带我们来到这个世界，感恩他们为我们建立温暖有爱的家庭。

对于父母等长辈，他们健在时我们要给予力所能及的悉心照顾；他们离我们而去后，作为生者我们要心怀感恩之情，对逝者的纪念是在情理之中的。在中华传统文化中，有一句话叫"慎终追远，民德归厚"，意思是说，谨慎地对待父母的丧事，恭敬地祭祀远代祖先，就能使民心归向淳厚。丧祭之礼也是一个人行孝道的表现，通过祭祀之礼，可以培养个人对父母和先祖的感恩之情。

清明节作为我国传统的祭祖和扫墓的日子，能让我们通过祭祀这种活动，来表达对祖先的缅怀，并对生命的本质进行思考。国家把清明节定为法定节假日，正说明了清明节的重要意义。

"清明时节雨纷纷，路上行人欲断魂！"我们在这一天到墓园祭奠逝者时，既是表达对故去亲人的思念、景仰，也是在提醒自己：珍惜生命中的每一天，努力活得充实、丰富、精彩，奋斗的人生更美。

第❸章

孝的代码：
优秀的道德品质

3.1　孝敬蕴藏着教养

孝养心灵、德润灵魂。孝可以说是德的"奇经八脉"，正所谓孝心一开，百善皆来，"德行的经络"全身贯通。天地之间和为贵，万物之间善为美。所有的孝行都彰显了人性的善良之美，都能滋养心灵，绽放出美丽的花。

3.1.1　善良：孝的前提

一位富豪买了一块地，建了别墅，后院有好多棵百年荔枝树。当初买地时他看中的正是这些荔枝树，因为他老婆喜欢吃荔枝。

别墅装修期间，朋友劝他找个风水先生看看，以免犯煞。原本不怎么信这套的富豪，这次居然表示赞同，专程请了位大师。大师姓德，从事这一行三十余年，在圈内很有名气。

接到德大师后，富豪开车载着大师前往自己的住宅。一路上，如果后头有车要超，富豪都是避让。

德大师笑道："开车挺稳当呢。"

富豪哈哈一笑："要超车的多半有急事，可不能耽误他们。"

行至镇上，街道狭窄，富豪放慢了车速。

一个小孩嬉笑着从巷子里冲了出来，富豪脚踏刹车及时停车。小孩跑过去后，他并没有踩油门前行，而是看着巷子口，似乎在等着什么，片刻，又有一个小孩冲了出来，追赶先前那个小孩而去。

德大师惊讶地问："你怎么知道后头还有小孩？"

富豪耸耸肩，说道："小孩子都是追追打打，他一个人可不会笑得这么开心。"

德大师竖起了大拇指，笑道："真有心！"

到了自家的别墅，富豪下车拿着钥匙准备开门，后院突然飞起七八只鸟，见状，富豪停在门口，抱歉地向德大师说道："麻烦大师稍等一会儿。"

"有什么事吗？"德大师问。

"后院肯定有小孩在偷摘我们的荔枝，我们现在进去，小孩会惊慌失措，万一掉下来受伤就不好了，先让他们摘一会儿，我们在外边先看看。"富豪说道。

德大师默然片刻道："你送我回去吧，这房子的风水不用看了。"

这次轮到富豪惊讶了："大师何出此言？"

德大师答："先生，有您在的地方，都是风水吉地。"

中国有句古语："福人居福地，福地福人居。"善良就是最好的风水。故事里虽然没有讲到这位富豪孝敬父母的事，但我们可以断定，如此为他人着想、善解人意的人，怎么可能不孝敬父母呢？

德是无形的孝，孝是有形的德。现代人公认的优秀品德如感恩、善良、包容、谦让、勤奋、诚信等，孝敬父母的人都具备。

百善孝为先。当我们说这个人是个大孝子的时候，可以肯定，这个人很善良，也就是说，善良是孝的代码。

3.1.2　宽容：孝的内涵

孟子说："辞让之心，礼之端也。"所谓辞让，就是谦让。孟子把谦让当作仁义礼智"四端"之一，摆在与四肢同等重要的地位，体现了儒家对谦虚、恭敬、礼让等美好品德的尊崇和倡导。古人谦让的故事非常多，比如王泰推枣、孔融让梨，说的是小时候的王泰、孔融礼让兄弟、谦恭友爱的故事。从小谦恭礼让，长大之后就能心胸宽广。中国有句俗语——"宰相肚里能撑船"，就是形容位高者的宽容品德的。

家喻户晓的"六尺巷"，就来源于一位高官宽容谦让的故事。

清朝康熙年间，文华殿大学士、礼部尚书张英在安徽桐城老家的亲属与邻居吴家因为宅基地发生矛盾，因争执不下而对簿公堂。张家人写信至京城，将此事告诉了张英。

张英看罢函复："千里修书只为墙，让他三尺又何妨？万里长城今犹在，不见当年秦始皇。"

家人阅信后，非常惭愧，主动撤讼，并退让出了三尺地。吴家见状深受感动也退让了三尺。

张吴两家之间便留出六尺宽的小巷，一场争执和诉讼就此平息，成就了"六尺巷"的佳话。

张英虽身居高位，却不倚势凌人，反而谦和礼让。张氏家族谦让家风的传承，滋养了其子孙后代，后人中涌现出多位杰出人物。张英之子张廷玉历任康熙、雍正、乾隆三朝内阁大学士，成为三代帝王倚重的朝廷重臣，其谦让为怀的做人、处事、为官之道是重要原因之一。

家庭生活也是同样的道理，宽容才能有融洽的家庭氛围，浓厚的亲情让孝心发酵。

3.1.3　诚信：孝的智慧

我们每个人都知道诚信的重要性。人无信不立，家无信不和，业无信不兴，国无信不稳。诚信立身，诚信立家，诚信立业。我们从古人修习诚信品德的故事中，或许能够汲取营养和力量。

曾子的妻子去集市上赶集，他的儿子哭着也要跟着去。妻子对儿子说："你先回家去，待会儿我回来杀猪给你吃。"妻子从集市上回来，看见曾子要捉小猪去杀，就劝止说："我只不过是跟孩子开玩笑罢了。"曾子说："这可不能开玩笑啊！小孩子没有思考和判断能力，要向父母亲学习，听从父母亲给予的正确教导。现在你欺骗他，这就是教孩子骗人啊！母亲欺骗儿子，儿子就不再相信自己的母亲了，这不是正确教育孩子的方法啊。"于是把猪杀了炖肉给儿子吃。

有人说，这是曾子杀猪教妻教子。这样理解固然没有错，可更重要的一点是，作为大孝子的曾子，诚实是融入他血液里的品德。他不是作秀给谁看，也不完全是为了教育妻和子，而是向我们揭示了一个真理——一个人只有诚实地面对自己，才能够诚信地对待他人。正如《大学》里所说："君子有诸己，而后求诸人；无诸己，而后非诸人。"意思是说，有德行的人，一定是自己能做到的事，然后再要求别人也要做到；自己做不到的事，也不要求别人能做到。

像曾子这样讲诚信的人，在一些所谓的聪明人眼里显得有点"愚笨"。其实，诚实是品德，更是智慧，他们有做事的原则，违背良知和人性的事坚决不做。

宋代有一位不自欺、不欺人的陈省华。他在当时的四川非常有名，三个儿子都是进士，其中两个是状元。

有一次，陈省华家买了一匹马。这匹马刚开始时挺老实，但熟悉了环境后就经常撒泼踢人，谁也拿它没办法。

这天，陈省华闲着没事去马棚转悠，结果转了好几圈也没看见那匹马，就问养马的家仆。家仆得意地说："还是三公子有办法，把那匹马骗了出去，卖给了一个过路的人。"

这位三公子名叫陈尧咨，就是陈家两位状元中的一位。欧阳修曾写过一篇《卖油翁》的文章，里面被卖油翁教育了一顿的主人公，就是这位陈尧咨。

陈省华一听，忙让家仆把陈尧咨叫来，对他说："你是当官的，手底下那么多人都没能把那匹马驯服，你卖给一个过路的人，这不是祸害人家吗？赶紧去把马追回来！"

陈家的家教一向很严，一看父亲发这么大火，陈尧咨自然不敢怠慢，就带着几个人去把那匹马追了回来。

至于那匹马有什么下场，大家不用担心，陈省华说了，"为了不让它出去伤人，我们养它一辈子"。

按很多人的想法，一匹驯服不了的烈马被卖掉，就是甩掉一个包袱，高兴还来不及呢，至于买的人怎么处理它，那就不关自己的事了。但陈省华却不这么想——那个路人驯服不了怎么办？马再伤人怎么办？

陈家的三公子就是我们今天大多数人欣赏的那种"聪明人"，聪明得可以骗马，可以骗不明就里的路人。其实，在这之前，他首先欺骗了自己的良知。

《礼记·中庸》说："诚者天之道也，诚之者人之道也。"意思是说，诚实是上天的准则，做一个诚实的人，则是为人的准则。

　　具有孝心的人把诚信理解为人本来就有的良知，讲诚信的人，首先要不欺骗自己的良知；然后才能不欺人，行人道，不做丧尽天良的事。

3.2 孝是品德，更是文化

孝是一种品德，也是一种素质，更是一种文化。梁晓声在绍兴文理学院讲课的时候讲"文化"可用四句话表达：一是根植于内心的修养，二是无须提醒的自觉，三是以约束为前提的自由，四是为别人着想的善良。

3.2.1 根植于内心的修养

修养是一个人的优秀品质经过内化而自然展现出来的涵养。

戏剧家夏衍临终前被病痛折磨得痛苦不堪。陪床的秘书说："我去叫大夫。"正在秘书欲开门时，夏老艰难地睁开眼睛，用尽最后一点力气说："不是叫，是请。"随后他就昏迷过去，再也没有醒来。

"不是叫，是请。"夏老改动的这个字，恰恰体现了他根植于内心的修养。他不仅在日常生活和工作中尊重他人，即使在人生即将谢幕之时，仍不忘尊重他人，这是他高贵灵魂的品质。

中国历来被称作礼仪之邦。杜格尔德·克里斯蒂晚清时曾在中国东北传教、行医三十年，著有《奉天三十年》。他曾说："一位来自欧洲的绅士，即使接受过大学教育，具有高雅的风度，但在那些有教养的中国人面前，好像也是一个粗人。他不时地冒犯这个古老文明国度的严格礼节，而这些礼节中的主要规则就连最下层的苦力也要遵从。"

而我们现在，讲礼节的人越来越少，有夏老那样修养的人就更少了。

3.2.2　无须提醒的自觉

一位叫Judy的空姐，在微博上讲了一件事，被刷屏。

她说，她发现刘诗诗下飞机后其座位上的被子叠得整整齐齐。而这恰恰是我们要提倡的无须提醒的自觉。

修养是刻进骨子里的品德，跟身份无关，跟习惯有关。

我婆婆已经90岁了，有很多好习惯。每天早晚她都是自己收拾床铺，从来不麻烦儿女。2019年有一次跟我一起出差时，我们买的是卧铺票，我睡在上铺，婆婆睡在下铺，下车时，我没有叠卧铺上的被子，可婆婆却把她卧铺上的被子叠得很整齐，周围的人都竖起了大拇指。我们住宾馆的时候，婆婆也总是及时关闭卫生间的灯，还说"公家"的电也不能浪费。

其实生活中需要自觉的事还有很多，比如主动把垃圾丢进垃圾桶，驾车自觉系好安全带，主动给行人让路，等等。这些生活中的小事都体现着我们的修养。如果我们事事这么做，养成好习惯，习惯成自然，就不需要别人提醒了。

3.2.3　以约束为前提的自由

世界上没有绝对的自由，只有相对的自由。任何一个人的自由都必须在法律和道德允许的范围之内。在处理感情问题时，一定要以约束为前提。

现在有些年轻人在恋爱时只要自由和快乐，不要约束，激情来了就在一起，激情退去就分开。这种缺少约束的感情，对彼此都不负责。他们为了所谓的自由和爱，不停地向外寻求，没有找到他们自以为的好伴侣，就分手，就离婚，这无疑给社会造成了不良影响。

真正的爱要有保障才有安全感；而有安全感的爱是在有约束的前提下实现的，所以相爱的人会携手进入婚姻的殿堂。婚姻需要夫妻双方承担各自的责任，用道德约束彼此，共同遵守婚姻的规则。婚姻中的各种约束，是维系家庭成员稳定、亲密关系，营造和谐家庭气氛的保障。

正如康德所说："真正的自由不是随心所欲，而是自我主宰。自律即自由。"自律，是一个人自我救赎的开始，唯有自律，才能让我们享受到真正的自由。

3.3　夫孝，德之本也，教之所由生也

3.3.1　孝是好品德，也是好习惯

提到孝，有些人会说那是古人提出来的，2000多年前的孝文化是封建社会的产物，于当下过时了。其实，孝文化是一种智慧，智慧是不会过时的。

随着时代的发展，社会的进步，一些人错误地以为古人很愚笨、落后，其实古人是非常智慧的。距今有3000多年历史的周朝留下来的文化遗产，比如五行、周易、历法等，现代人仍在沿用，且无人能超越。今人误以为孝的最大受益者是被孝敬的长辈，其实，行孝最大的受益者是尽孝者自己。孝与被孝之间是双赢关系。

不是等父母老了子女自然就知道尽孝了，而是要从小培养孩子感恩、尊重父母的意识和品德。有了优秀的基本教养，孩子长大了尽孝

才是顺理成章的事，不仅能够孝顺父母，甚至能做到"老吾老以及人之老"。

古人云："教妇初来，教儿婴孩。"好习惯要从小培养。我国著名教育家陈鹤琴说："人类的动作十有八九是习惯，而这种习惯又大部分是在幼年养成的，所以，幼年时代应当特别注意习惯的养成。"

1978年，75位诺贝尔奖获得者在巴黎聚会。有记者问其中一位白发苍苍的获奖者："您在哪所大学、哪所实验室里学到了您认为最重要的东西呢？"出人意料的是，这位白发苍苍的学者给出的答案是：幼儿园。

这位获奖者解释说："我在幼儿园学到了把自己的东西分一半给小伙伴，不是自己的东西不要拿，东西要放整齐，饭前要洗手，午饭后要休息，做了错事要表示歉意，学习要多思考，要仔细观察大自然。我认为，我学到的全部东西就是这些。"

小时候养成的好习惯，成就了这位科学家。浙江大学教育心理学博士吴民祥说："幼年养成的良好习惯往往能让人终身受益。"

其实孝敬父母既是好品德，也是好习惯，正如孔子所说："少成若天性，习惯如自然。"

有人认为，孝敬父母是天生的，不需要大人教，孩子长大了自然就会孝顺父母了；有人认为孩子小，还不懂事，就疏忽了对孩子的孝道教育。其实不然，一个孩子孝顺与否，跟他小时候是否接受孝道教育有直接的关系。因为孝不是本能，而是美德。既然是美德，就需要学习和培养。《孝经》中说："夫孝，德之本也，教之所由生也。"意思是说，孝是道德的根本，好的品行是以孝为基础的。只有反复实践才能形成习惯，习惯养成后就会像天性一样自然。

对于习惯与人生的关系，很多哲学家都有明确的论述。美国哲学家威廉·詹姆士说："播下一个行动，你将收获一种习惯；播下一种习惯，你将收获一种性格；播下一种性格，你将收获一种命运。"亚里士多德说："习惯已成为天性的一部分。"培根说："习惯是一种顽强而巨大的力量，它可以主宰人生。"可见，习惯决定着一个人的命运。

习惯能够成就一个人，也能够摧毁一个人。好习惯在我们的成长中起着巨大的作用，它是走向成功的阶梯，是飞向辉煌的翅膀，是打开胜利之门的钥匙。好习惯像一笔丰厚的存款，给人带来终生享受不尽的利息；而坏习惯则是我们用一生来尝的苦果，用一生来背的重担。坏习惯像一笔沉重的债务，让人付出代价，甚至终身偿还不尽。正如孝是一个人善心、爱心和良心的综合表现；孝敬父母，尊敬长辈，是做人的本分，是各种品德形成的前提，也是成就一个人、让一个人终身受益的好习惯。

所以，养成孝道好习惯，才能成就幸福好人生。

3.3.2　古代的道德教育

现代人在教育孩子的过程中，有时会苦于没有方法，其实我国古代的道德教育方法很多，而且非常值得我们学习。

贾谊在《治安策》中说："古之王者，太子乃生，固举以礼，使士负之，有司齐肃端冕，见之南郊，见于天也。过阙则下，过庙则趋，孝子之道也。故自为赤子而教固已行矣。"意思是，古代帝王的太子刚一出生，就要给他以礼仪的教化，让士人背着太子，官员端正衣冠，到南郊祭天。过宫阙就下车马步行，过宗庙就俯身小步快走，以示对祖先的恭敬。这是在教导孝子之道。也就是说，在太子婴孩时期，孝道教育就已经开始了，而且是身体力行的示范性教育。

接下来介绍一下周成王的教化经历：

周成王年幼时，就请召公做太保，周公做太傅，太公做太师，共同教育他。三公的职责是：保，保护他的身体；傅，传授给他道德、行为的道理；师，教育训导。同时又设三少，都是上大夫级别，叫少保、少傅、少师，三少的职责是同太子生活在一起，为太子做出榜样。所以太子刚懂事，三公、三少就给他讲孝、仁、礼、义，不让太子见到不好的行为，并引导他驱逐奸邪之人。因为选拔的都是行为端正、孝顺父母、友爱兄弟、见识广博、有道德学识的人辅助太子，跟太子居于一处，同出同入，所以太子见到的是正事，听到的是正言，推行的是正道，前后左右都是品行端正的人。习惯于同品行端正的人相处，品行就不会不端正，如同生长在齐国不能不讲齐国话，生长在楚国不能不讲楚国话。正如孔子所说："从小养成的，就像天赋秉性一样，经常学习而掌握的，就像天生的本能一样。"

我们普通百姓虽然不能像帝王家一样请"三公""三少"，但我们一定要明白，最好的教育不是很多人理解的教孩子琴棋书画这些才能层面的东西，而是从孝道入手，从德行的层面来培养孩子敬畏祖先、敬天爱人的大德。当一个人的孝道品德形成一种习惯，就能够达到《孝经》所说的："教以孝，所以敬天下之为人父者也。教以悌，所以敬天下之为人兄者也。教以臣，所以敬天下之为人君者也。"

3.3.3　在孩子心中种下优秀文化的种子

现在有些人提起古代的二十四孝，不进行深入研读就予以否定，常常用两个字来评价——愚孝，并且质疑："舜帝孝感天地的故事中说大象和小鸟帮助他耕地，这不是童话吗？"我们且不探讨上古之人是如何跟天地沟通的，就算是把它当作童话故事也未尝不可。小故事常常蕴含着大道理，关键是故事所传达的理念和教育意义。

我们都知道，孩子小的时候最喜欢听故事，尤其是童话故事。我们家长在给孩子讲法国的《灰姑娘》、德国的《白雪公主》和丹麦的《卖火柴的小女孩》这些童话时也应该给孩子们讲《啮指痛心》《哭竹生笋》《芦衣顺母》这些孝亲敬亲的中国传统文化故事。

　　弘扬孝道文化，首先要有文化自信，要从写好中国字，说好中国话，讲好中国故事，做好中国人做起。

　　文化自信来源于对本国文化的了解和认同，只有了解后才能知道本国文化的优越性体现在哪里，认识不到优越性，就无法做到真正的自信。

3.4 孝是衡量品德的标尺

3.4.1 古时选贤任能的"举孝廉"

孝的本质是人的"仁爱"的自然本性，它是不带有功利性的。但孝的真正内涵并不限于孝，孝是多样化的。孝字正心心能正，孝字修身身能端，孝字齐家家能好，孝字治国国能安。

关于孝的教诲，有一句话让人记忆深刻："自古忠臣多孝子，君选贤臣举孝廉。"在古代，皇帝任命一个官员时，首先想到的是这个人是不是孝敬父母。

孝廉是汉武帝时设立的用以选拔人才的一种科目，孝廉是孝顺亲长、廉能正直的意思。公元前134年，汉武帝采纳董仲舒的建议，下诏郡国每年察举孝者、廉者各一人。之后，这种察举被通称为举孝廉，并成为汉代察举制中最重要的岁举科目，汉代政府很多官员来源于此。

有个叫陈汤的人，经过富平侯张勃的举荐成了汉代的一名官吏。他上任不久就传来一个噩耗——他的父亲去世了，按照规定他应该去给父亲守孝三年。但是陈汤做官心切，没有回家，结果被人检举不孝顺。被检举的陈汤因为不孝被关进了监狱，而张勃作为推荐人也受到了一定的惩罚。所以，在汉代人看来，"孝"和"廉"是人才的基础，缺失一样就不能称之为"才"。

孝道文化就是孝敬父母长辈，尊敬老人的优良文化传统。它也是从古至今，我国社会最基本的道德规范，是中华民族所尊奉的传统美德。孝道文化在我国具有很高的地位，也有非常重要的作用，是我国传统文化中不可缺少的重要组成部分。

3.4.2　孝在点滴中

孝敬父母需要我们从点点滴滴做起，并不是轰轰烈烈才是孝敬父母。作家毕淑敏曾言"孝心无价"。也许是大洋彼岸的一只鸿雁，也许是近在咫尺的一个口信；也许是一顶纯黑的博士帽，也许是作业簿上的一个"好"字；也许是一桌山珍海味，也许是一只野果一朵小花；也许是花团锦簇的盛世华衣，也许是一双洁净的旧鞋；也许是数以万计的金钱，也许只是带着体温的一枚硬币；但在"孝"的天平上，这些都是等价的。

　　孝敬父母需要行动，在日常生活中，处处体现着孝。为父母搬一把椅子、倒一杯水；多跟父母沟通交流；有时间为父母捶捶背、洗洗衣服、修修脚，这都是孝。孝敬父母就这么简单，它延伸出的爱和敬、善和美的品德贯穿于我们的生活、工作当中。

第 **4** 章

孝的底色：
正确的三观

4.1　以孝为底色的人生有亮度

4.1.1　人生底色就是核心价值观

人生观、价值观、世界观是一个很大的话题，本章节只从孝道的角度来探讨树立正确三观的问题。

很多人觉得"三观"很虚、离我们很远，是哲学上探讨的问题，其实"三观"对于我们每个人而言都是极其重要的。如果我们从肉体和精神层面来对人进行探讨，那么"三观"就是我们的精神长相，它不仅影响我们的日常生活、工作及幸福指数，也决定了一个人命运的走向及生命的维度。

教育部部长陈宝生就优秀传统文化进校园的问题接受记者采访时表示，教育部近年来大力发展中华优秀传统文化，把优秀传统文化进校园作为固本工程、铸魂和人生打底色工程来抓。

他说："在优秀传统文化里，中国人怎么看待世界、怎么看待生命，中国人的价值观、世界观、人生观，有着非常丰富的资源，阐述得很系统。如果我们不把这些东西继承下来，在教育过程中没能让我们的学生了解、继承，他的人生就会发生方向上的偏离。"

曾国藩说："读尽天下书，无非一'孝'字。"抓住了一个孝道，就抓住了中华优秀传统文化的核心智慧。

价值观代表一个人对周围事物的是非、善恶、美丑、重要性的评价和轻重缓急的选择。人生底色就是一个人的核心价值观，是一种文化的认同。以孝道为底色，就是认同孝道彰显的慈爱、善良、尊敬、礼让、感恩、诚信、担当、敬业、爱国等人性中的美好元素，这是形成正确三观的基础。

在一所传统文化辅导学校学习过的几个初中男孩子，遇到一名女同学裙子被风吹起而导致"春光泄露"的尴尬，几名男生对视一下，脱口而出："非礼勿视，非礼勿听。"然后立即转过身去回避。小小年纪颇有谦谦君子的风度。

有什么样的品质就有什么样的行为，有什么样的"底色"就有什么样的选择。

4.1.2　当孝道遇上"平安"

如果你成功获得了北大直博或是中科院硕博连读的资格，你会做什么？在东南大学，有这样一对双胞胎兄弟，他们就获得了这样的资格。而他们的选择又吸引了无数人的眼球，温暖了无数人的心房。

　　江苏徐州有这样一对双胞胎，哥哥李国平被保送北大直博，弟弟李国安被保送至中科院硕博连读。他们深感母亲在工厂打工供养他们读书的辛苦，在等待录取通知书的这段时间里，便到工地打工以分担母亲的压力。

　　"少年若天性，习惯如自然。"兄弟俩的举动是从小养成好习惯的结果。生活中，兄弟俩只要一有时间，就帮父母做事，想通过实际行动回报父母。

　　兄弟俩说，妈妈一直在默默地支撑着整个家庭。母亲的辛苦，他们都看在眼里，记在心里。他们希望让父母早点退休，不用这么苦；也希望自己能多挣点钱，支撑父母的生活。

　　双胞胎兄弟在工地上劳作时，工地负责人对他们也赞赏有加，说弟兄俩虽然还是学生，可是干起体力活来，一点儿都不输给其他工人。老大在厂里干了一个星期，动作麻利不说，还专挑重活干，抬钢管、抱配件，一干就是几个小时，弟弟来厂里，跟哥哥如出一辙。

　　在午休时间里，哥哥还会给妈妈按摩放松，这样的场景让旁人又感动又美慕。

　　有感恩的心，才有感恩的行为。能够感恩父母的付出，就能够对生活充满感恩。这对双胞胎兄弟还表达了对国家助学政策的感谢——

学校为家庭条件困难的学生开设了绿色通道，可以缓缴学费先行办理入学报到手续，学费以后由助学贷款补上。

兄弟俩说："青春就是要不断地接受各种各样的挑战，不停地奋斗，并在其中提高自己的本领，磨炼自己的精神品质，这才是自强不息的表现。"

对于接下来在北大、中科院的学习生活，他们充满了期待，已经做好了充分的准备。相信以他们勤奋自律、敢于挑战的品质，未来一定有着无限的精彩。

4.2　正确的价值观

4.2.1　正确的亲子观

有人认为古代的二十四孝过时了，其实是今人跟古人的价值观不同了。古人认为，不管父母怎样，父母都是爱儿女的，有恩于儿女的，所以儿女感恩父母、孝敬父母是天经地义的。

"棍棒之下出孝子"这句话常常被误解为，采用暴力方式教育的孩子才会孝顺。其实，孝子不是打出来的，而是其对孝道文化的认同所形成的价值观，自己做出的选择。也就是，即使你打我，我也相信你是爱我的，作为儿女就要尽孝。

有一次，曾子跟父亲在田地里干活，本来应该把草锄掉，可是曾子不小心把庄稼锄掉了。父亲一看，非常生气，举起锄头就打了他一下，曾子被打昏在地上。曾子醒来之后，抚琴而歌，意思是说我没事，您没把我打坏。

曾子的孝不是父亲打出来的，而是他坚信——父亲打我也是爱我的。《大学》曰："为人君，止于仁；为人臣，止于敬；为人子，止于孝；为人父，止于慈；与国人交，止于信。"作为父亲要慈爱儿女，至于父亲是否做到了慈爱，那是父亲的功课；作为儿女，要孝敬父母，不管父母慈不慈，"为人子"都要"止于孝"，孝是儿女的义务和功课。

20世纪50～70年代出生的人，哪个没有被父母打过？但只要内心存有孝道文化的底色，就不会怀恨父母，亲子关系也不会因此而决裂。

其实，不在于是否打孩子、骂孩子，而在于用什么样的价值观来解读孩子跟父母的关系。

子女相信父母的爱是那种毋庸置疑、融入血液、刻进骨髓的信念，是那种"即使你从我背后开枪，我也宁愿相信那只不过是枪走火"的信任。

中国有一句古语："儿不嫌母丑，狗不嫌家贫。"孝道文化的底色，也是一个人的道德底线。没有了这个底色，道德就会沦陷。

现在一些受西方所谓的平等、民主、自由等思想影响的人，要跟父母平起平坐，要跟父母理论对错。特别是近年来兴起的以西方教育学和心理学理论为基础的家庭教育，历数中国父母的种种罪状，比如打孩子、对孩子态度不好、管教太严等，让很多孩子认为自己的父母不会爱孩子或不爱孩子。

人要讲道理，但要先讲道，后讲理。什么是道？做人的正道！爱与感恩不仅是兴家旺族的正道，也是国家发达富强的正道。

中国的父母在教育的过程中当然有失误。不仅有失误，也有错误，甚至是严重的错误。但是，这并不是子女声讨父母的理由。

目前，一部分家庭教育工作者也没有正确的人生观、价值观，在自己都判别不出对错的情况下，就宣讲一些错误的家庭教育理念，比如"孩子的问题百分之百是父母造成的"等，不仅没有起到积极的作用，反而纵容了一些孩子不听父母的话、不孝顺父母。

还有"好家长成就好孩子"，意思是孩子不够好是因为家长不够好。我们从悠久的历史长河中可以发现，那些获得大成就者未必有好家长。就拿大舜来说，他的父亲非常糊涂，他的后母非常恶毒，怎么也算不上好家长；曾子的父亲用锄头把他打昏，用现在的标准来衡量也未必是合格的父亲；有人说岳飞之母被大家称颂是好母亲的榜样，可是在今天，如果在孩子背上刺字，肯定会有人告她虐童。

我接待了一位前来咨询的单亲妈妈。这位妈妈一边哭一边说，她让13岁的儿子星期天帮助她干活，结果儿子对只有小学文化的她说："国家法律明确规定，严禁雇用童工。我还没满18岁，你就让我干活，这是违法行为。"

美国著名家庭治疗师萨提亚说过一句很经典的话："孩子永远没有错，如果错了，一定是父母的错。"这为一些心理咨询师声讨父母提供了理论依据，也让很多善良的中国父母无所适从。自己认了错之后还要对儿女的错负责一辈子，很多父母还会因此内疚一辈子。

其实，所有的心理问题都是价值观扭曲导致的。亲子关系不应该用对错来评判，可怕的不是父母有没有错，而是现在的人大都相信是父母错了。这一点，比父母有错本身带来的后果更为严重。

4.2.2　正确的师生观

唐代文学家韩愈在《师说》开篇写道："古之学者必有师。师者，所以传道授业解惑也。"古往今来，任何一个人的成长与成才，都与老师的教育教导有关。

在中国传统文化中，天地是我们无形的父母，父母是有形的天地。过去许多家庭中堂供奉的"神位"上就有"天地君亲师"，足以见得老师的地位多么高。"君"与"师"的地位，一直是神圣不可侵犯的。师生关系乃人伦关系中的一个大项，"一日为师，终身为父"，更是对师生及师徒关系的最好解读。有些地方也尊称老师为师父，意思是哪怕只教过自己一天的老师，我们也要像尊重父亲一样尊重他。

古时候，"孝亲"和"孝养父母"是老师教育学生的内容，而"尊师"和"奉事师长"则是父母教育孩子的内容。父母带儿女到私塾去报名读书的时候，不但要让儿女向孔子牌位行三跪九叩首的大礼，自己也要向私塾老师行三跪九叩首的大礼。其目的就是要让孩子亲眼见到老师多受人尊重，必须听从老师的教诲。

我们并不是主张要回到过去那样对老师行三跪九叩首的大礼，而是希望大家一定要理解尊师重道的重要意义。

尊师的最大受益者不是老师，而是学生。因为，一个人对他人表示尊重，跟别人无关，跟自己的修养有关。自己的修养不够时，通过经常对他人表示尊重，自己的修养自然就能够提升。尊师是提升自己修养最快的方式，因为"亲其师，信其道；尊其师，奉其教；敬其师，效其行"。

当今社会的很多人觉得那是封建社会的产物，现在讲的是师生平等。师生平等，表面上是学生争取了自尊的权力，其实，恰恰是学生丧失了提升自己修养的机会。

著名数学家华罗庚成名之后不止一次说："我能取得一些成就，全靠我的老师栽培。"1949年，华罗庚从国外回来，马上赶回故乡江苏金坛看望发现他数学才能的第一个"伯乐"——王维克老师。他在金坛作数学报告时，特地把王老师请上主席台就座，进会场时让老师走在前面，就座时只肯坐在老师的下首。华罗庚对老师的尊重才是所有学生应该学习的。

现在有些人之所以不尊师，就是因为缺孝道教育。过去说师父师父，一日为师，终身为父。现在，有些人拜师三年，也不会视师为父。就算是把师当父，因为没有孝的底色，亲生父亲都没有重要的位置，如父之师又怎么会有位置呢？

教育家夏丏尊先生曾说过这样一段话："教育上的水是什么？就是情，就是爱。教育没有了情爱，就成了无水的池，任你四方形也罢，圆形也罢，总逃不了一个空虚。"时至今日，这段话依然发人深省。

常言道，严师出高徒。北宋政治家、文学家欧阳修说："古之学者必严其师，师严然后道尊。"过去的家长都懂得"子不教，父之过，教不严，师之惰"的道理，所以会对老师说，孩子就交给你了，对他要求严点，不听话就揍他。

过去的老师手中都有戒尺，学生不听话会被打手掌心，现在还有哪个老师敢打学生？今天99%的老师是不敢打学生的，有的老师批评学生几句，家长就不依不饶。一个老师拿书拍醒了上课睡觉的学生，其家长就找到学校、教育局，要求老师赔礼、赔偿，老师轻则颜面无存，重则被开除教职，丢掉饭碗。

当师道尊严变为失道失尊时，老师如何教育学生呢？试想老师在学生心里没有威信，学生怎么会虚心向老师学习呢？

4.2.3　正确的金钱观

关于金钱观，孔子就如何树立正确的金钱观留下了他的认识。重义轻利、见利思义的义利观与"富民"思想是孔子金钱观的主要内容，也是典型的儒家经济思想。所谓"义"，是一种社会道德规范，

"利"指人们对物质利益的谋求。子曰："不义而富且贵，于我如浮云。"在"义""利"两者的关系上，孔子把"义"摆在首要地位。正所谓不义之财不可取，不义之人不可交，不义之事不可做。

一个人的道德品质，往往在金钱面前展现得淋漓尽致。

据网上报道，一个叫王成友的清洁工，一天之内捡到50多万，却不为所动。

2018年3月8日，王成友去银行取款时看到ATM机上有一张没拔的银行卡，里面有20多万元，他立刻告知银行的工作人员，一起报了案；回家的路上，他看到河道边有一个黑色的大塑料袋，清洁工的职业素养让他想捡起那个塑料袋扔到垃圾桶里，却意外发现里面有30万现金！

这两笔巨款加起来有50多万，如果没有道德底线，对月工资只有3000元的清洁工来说，岂不会把这视为难得的脱贫的机会？

可王成友却不为所动，特别是当失主拿出10000元给他表达谢意时，也被他谢绝了。要知道，这10000元他要工作3个多月才能赚到。

金钱观正确的人，知道什么钱自己能拿，什么钱是不属于自己的，他们把道德品质放在第一位，不会因为钱放弃做人的原则。金钱观扭曲的人，什么钱都敢挣，什么钱都敢拿，为了金钱，丧尽天良。

把一块金条和一根香蕉放在猴子面前，猴子会选择香蕉而放弃金条，因为它不知道金条可以买更多的香蕉；在诚信和金钱面前，有的人会选择金钱而放弃诚信，因为他不懂得诚信会给他带来更多的金钱；在品德和利益面前，有的人会选择利益而放弃品德，因为他不知道品德会给他带来一生的利益。选择什么、放弃什么是由核心价值观决定的。只有拥有正确价值观的人，才会做出正确的选择。

4.3 孝的三个层次

《孝经》云："夫孝，始于事亲，中于事君，终于立身。"后世称这三个层次为小孝，中孝，大孝。

第一句，"夫孝，始于事亲"，是说一个人的孝要从侍奉双亲开始。

第二句，"中于事君"的意思是，其次是侍奉君王，忠于君王。我们每个人到了一定年龄就要步入社会，进入职场工作。工作于我们而言既是养家糊口的方式，又是为国家、社会做贡献的方式，把自己分内的工作做出色、爱岗敬业就是在为国家和社会做贡献。

第三句，"终于立身"的意思是，最后达到修身立世，实现自己的远大志向。

孝的这三个层次，堪称孝的三大维度，即从侍奉父母开始，到侍奉君王，到修身立世，实现远大志向。

4.3.1 小孝孝于亲

孝道是中华民族的传统美德，几千年来，人们把忠孝视为天理。因为孝的初始意义即善事父母，以家庭为中心的伦理观念一直以来都是中国传统孝文化所强调的核心理念，所以，孝首先倡导的就是孝敬、奉养自己的父母。

《孝经》曰："人之行，莫大于孝。孝莫大于严父。"意思是说，在人的行为中，没有比孝道更为重要的。在孝道之中，敬重父亲最重要。"亲生之膝下，以养父母日严。"因为子女对父母亲的敬爱，在年幼相依父母亲膝下时就产生了，待到逐渐长大成人，则一天比一天懂得对父母亲尊严的爱敬。"圣人因严以教敬，因亲以教爱。"圣人就是依据这种子女对父母尊敬的天性，教导人们对父母孝敬；又因为子女对父母天生的亲情，教导他们爱的道理。

由此我们可以看出，"养亲"作为孝的基础，既是为人子女最起码的责任与义务，也是一个人学习敬人、爱人的过程，是养成恩义、情义、道义等优秀品德的道场，是人性的必修课。

国家一级演员阎维文唱的《母亲》中有引发人性共鸣的美好歌词："不管你多富有，不论你官多大，到什么时候也不能忘咱的妈。"

不管是大人物还是小人物，孝敬父母的言行永远是最美的。

深受国人推崇的大文豪鲁迅就有一颗至孝之心。早在少年时代，身为家中的长子，他为了减轻父母的压力，主动承担起典当旧物和为父亲请医买药等事务。

鲁迅青年时代，母亲六十大寿，他提前给家里寄了60元钱，60元钱在当时可算不小的数目。为了给母亲祝寿，他在母亲生日那天，特意从北京赶回家。母亲喜欢看戏，他就邀请演员来家里唱戏。

为了方便照顾母亲，生活并不宽裕的鲁迅省吃俭用，甚至向别人借钱，在北京西城八道湾为母亲购置了一套住房。购房后，他又亲自返回绍兴老家，把母亲和全部家属接到北京。

母亲身体不适，鲁迅再忙也要抽出时间陪着到医院诊治、挂号、取药。工作原因，他需要到南方上班，就每月给母亲邮寄上百元的生活费，从来不拖欠。母亲爱吃火腿，身在上海教书的鲁迅，就经常寄火腿给母亲。

除了物质生活以外，鲁迅在精神生活上对母亲同样是关心备至。他根据母亲的喜好，多次购买张恨水、程瞻庐的小说，满足老人的精神生活需要。

鲁迅不单在文学创作上独树一帜，在孝敬母亲上也体现了他的高尚品德。

我们兄弟姐妹八人都很孝顺父母，大哥大姐是我们的榜样。母亲年轻的时候，总是到儿女家帮助照看孙辈。这几年孙辈都长大了，母亲也老了，在大哥大姐的主持下，我们确定了照顾母亲的方案。在天津居住的大哥把自己在内蒙古老家的房子腾出来，作为兄弟姐妹照顾母亲的专用住房，兄弟姐妹轮流去照顾母亲。

大哥大姐起到了表率作用，从外地赶回去亲自照顾母亲的生活起居。我们兄弟姐妹住在祖国各地，深圳、太原、北京、天津、秦皇岛、内蒙古，天南海北的，尤其是我，有时回不去，在母亲身边的大弟弟和二哥就照顾得多一些。小弟弟虽在内蒙古，但离母亲居住的城镇有两三个小时的车程，要照顾母亲也需要请假，轮到他时多数都是大弟弟代劳。为了照顾母亲，小弟弟执意把母亲接到家中，要尽一份孝心。因为小弟弟还有岳母需要照顾，并且住的是两居室的房子，所以，母亲就跟他岳母住在一个房间。尽管小弟弟的岳母人很好，可是弟弟能够感受到母亲还是觉得不太方便。

东北的冬天很冷，寒冬腊月室外气温常常是零下三四十度，车没有车库根本过不了冬。弟弟一直是租用车库，他们两口子省吃俭用地攒了一笔钱想买一个车库，结果看到了车库大门上贴着卖房子的信息。小弟弟一看正好是他家的隔壁，当时就动心了，回家跟媳妇一商议，弟媳妇也同意：不买车库，买房子。

车库的价格跟房子的价格没法比，弟弟手中的钱不够，于是就给我打电话借钱。我一听他说买房子，就问："怎么突然想起买房了？"

弟弟说："我这房子小，两个老人住着不方便。再买大的还不具备条件。我本想买车库，但看到我家隔壁卖房子的信息，在心里问了自己一个问题，把我惊出了一身冷汗。"

我问他是什么问题，弟弟说："我手里这些钱，是给我的车买房子呢，还是给我妈买房子呢？"弟弟的话感动得我泪流满面，于是我二话没说，把钱给他打了过去。

母亲听说弟弟为了她要再买一套房子，说什么也不同意，心疼他负担太重。可弟弟没听母亲的话，买了房子装修一新，让母亲住进了新房，并对哥哥姐姐们说："以后你们不用特意从外地回来轮流照顾咱妈了，咱妈就长住在我这里了，你们什么时候方便时回来看看咱妈就行了。"

弟媳妇非常善良，也爱干净，干活利索，把新房子收拾得窗明几净。他们四口人在一起生活，非常和睦。如今，88岁的母亲心情舒畅，竟然又长出了黑头发。

我弟弟虽然只是一个普通工人，他一边要上班，一边要照顾母亲和岳母，按理说受到家累的他，有可能会懈怠工作。然而，事实恰好相反，他在工作上忠于职守、尽职尽责，领导对他非常满意。

这是发生在我们家的孝道故事。

4.3.2 中孝孝于企

我国历来都有"忠臣求于孝子之门"的说法。《孝经》曰："君子之事亲孝，故忠可移于君。事兄悌，故顺可移于长。居家理，故治可移于官。是以行成于内，而名立于后世矣。"意思是说，君子侍奉父母亲能尽孝，所以能把对父母的孝心移作对国君的忠心；

侍奉兄长能尽敬，所以能把这种尊敬之心转为对前辈或上司的敬顺；在家里能处理好家务，所以会把理家的道理转为做官之道。因此能够在家里尽孝悌之道、治理好家政的人，其名声也就会显扬于后世了。

有一次，有位朋友给我讲了一件事，对我触动很大。

小李和小王是大学同学，毕业以后一起分到了国企。一晃20多年过去了，当年的小李变成了老李，成了公司的总经理；小王也成了老王，是基层部门的一个业务主管。

老李是个孝子，家庭关系和睦，他礼贤下士，对待员工是发自内心的尊重。老王非常有才，只是脾气很暴，跟家人关系也很僵。他恃才傲物，因此得不到领导的赏识，对下属常常盛气凌人，也得不到员工真正的尊重，自己常常有怀才不遇的失落感。

公司从集团调过来一位董事长，年龄比老李和老王还小3岁。老李对这位董事长非常恭敬。他说："因为他的职位比我高，他是公司的一把手，从伦理次第的角度说，就应该尊敬他。"而老王却打心里瞧不起这位董事长，觉得他比自己年龄还小，自己是20多年的元老了，他算什么，自己的业务比他强，方方面面都比他熟。

有一天夜里突然降温了，第二天早上下起了鹅毛大雪，老王出门的时候，他70多岁的老母亲颤颤巍巍地追出了院子，对他说："孩子，天冷了，加点衣服吧，别冻感冒。"老王很烦，对自己的母亲说："我都40多岁的人了，什么不懂啊，还用你操心！看你整天唠唠叨叨的，烦死了，快点回屋里去吧。"母亲无奈地回屋了。

这个情况同样发生在老李身上，看到老母亲关怀的样子，老李当时鼻子一酸，泪水差点流下来。他一把扶住母亲说："妈妈，您老人家这么大年岁了，千万别冻感冒，快点回屋吧！我都这么大了，还让您操心，真是不应该啊。"老李把母亲扶到屋里坐下，转念一想，那位董事长是从南方来的，天气突然变冷，估计他没带也没有时间去准备厚衣服吧。想到这里，他立马给董事长打了个电话："董事长，天气突然变冷，你在家里等我，我开车接你一起上班，我给你送件棉袄过去。"老李对领导的恭敬是发自内心的。

这天，一个重要客户来访，想看看这个企业的管理水平如何，如果可以的话他会签个大单。客户一进门，不管是前台还是业务经理，都满脸欢笑，在这个寒冷的冬天让他感受到被尊重的温暖。这个客户刚坐定，业务员就端来一大碗热腾腾的姜茶。客户开玩笑地说："怎么还搞特殊待遇？"业务员说："我们总经理对我们就像对待自己的孩子一样，今天早上一到，就安排食堂煮了一大锅姜茶。我们每个员工都有一碗，大家都很感动。"客户喝了这碗姜茶，暖在胃里，热在心头。见到李总的时候，这一单生意很顺利地签了下来。

我们的人生为什么有那么多困惑和障碍？为什么老是遇到小人？很大的可能是因为我们生命树的根断了，我们的孝心出了问题。不孝敬父母就会生出傲慢之心，傲慢成习性，就会既不尊重领导，也不体恤员工，事业怎么可能顺利呢？

孝顺能养人的恭敬心、谦卑心，让一个人在工作岗位上上敬领导，下和员工，善待周围的每个人，同样也会得到大家的尊重。

4.3.3　大孝孝于国

"俗话说忠孝两难全，我觉得，对国家的忠就是对父母最大的孝，我相信终有一天我的家人会谅解我，能够理解我为国家所做的工作。"说这段话的是一位90多岁的老人，他叫黄旭华。

黄旭华是中国工程院院士，被誉为"中国核潜艇之父"，中船重工集团公司719研究所研究员、名誉所长，中国第一代攻击型核潜艇和战略导弹核潜艇总设计师。2020年1月10日，他荣获国家最高科学技术奖。

作为第一代攻击型核潜艇和战略导弹核潜艇总设计师，黄旭华仿佛将"惊涛骇浪"的功勋"深潜"在人生的大海之中。从1958年到1986年，由于严格的保密制度，黄旭华不能向亲友透露自己实际上是干什么的；也由于研制工作实在太紧张，他没有回过一次老家。

为此，黄旭华说："从一开始参与研制核潜艇，我就知道这将是一辈子的事业。"

1988年南海深潜试验，当年年底，黄旭华顺道探视老母亲，95岁的母亲与儿子对视无语凝噎，62岁的黄旭华也已两鬓斑白。

30年，对于人的一生何其宝贵，黄旭华选择把自己的青春和梦想交付给湛蓝的海洋。1970年我国第一艘核潜艇顺利下水。中国成为世界上第五个拥有核潜艇的国家，黄旭华被誉为"中国核潜艇之父"。

黄旭华把一生都奉献给了他热爱的事业。早在黄旭华上任的第一天，领导便找到他严肃谈话："组织上有保密纪律，进了这个门，就得隐姓埋名一辈子……"黄旭华毫不犹豫地答应了。父母多次写信问他："你在北京哪一个单位？你在北京干什么工作？"他深知，忠于国家的机密，也是一种孝。所以，每次父母写信追问，他都闭口不答。在他看来，一心一意地为国家做贡献，让国家早日富强起来，不能止步于口号，而要付诸行动。

那时候，他每天忙于研究，经常通宵工作，外界仿佛是另外一个世界，即使是父亲因病去世，他也没有回家奔丧。直到1987年，上海《文汇月刊》刊登长篇纪实报告文学《赫赫而无名的人生》，写了他的人生经历，黄旭华才有机会告知家里的老母亲。

他把文章寄给广东老家的母亲，虽然文章中只说"黄总设计师"，没有提黄旭华的名字；但"他的妻子李世英"这句话让母亲坚信这个"黄总设计师"就是自己的儿子。读着读着，母亲的嘴唇哆嗦起来，她没想到，被弟弟妹妹多次谴责"不要家"的"不孝之子"，竟默默地为国家做了一件惊天动地的大事！

直到黄旭华荣获2013年感动中国十大人物之一，走上央视的舞台，这位隐姓埋名30年的"中国核潜艇之父"才为大众所了解。

他的颁奖词是："时代到处是惊涛骇浪，你埋下头，甘心做沉默的砥柱；一穷二白的年代，你挺起胸，成为国家最大的财富。你的人生，正如深海中的潜艇，无声，但有无穷的力量。"

2016年10月，为纪念长征胜利80周年，中国首档青年电视公开课《开讲啦》特别策划了"国之脊梁"主题系列节目，其中一期邀请了黄旭华。

黄旭华在提到那段不能与父母相见，埋头搞科研的岁月时，92岁高龄的他泪盈满眶。当有人问起他对"忠孝难双全"的理解时，黄老噙着泪说："对国家的忠，就是对父母最大的孝。"

这就是大孝孝于国的现实写照。

第**5**章

孝的力量：成长的内驱力

5.1 本末倒置，难成大器

5.1.1 德为本，才为末

学而优则仕。古代大多数读书人的出路是考取功名、登第当官，而科举考试中的状元，更是万众仰慕的佼佼者，可以直接做官。历史上很多宰相是状元出身，仅明朝官至宰相的状元就达17人。在中国古代，中状元意味着光宗耀祖；因此自隋唐实行科举考试制度以来人们就有崇拜状元的情结。

我国恢复高考制度以来，望子成龙、望女成凤的家长，为了让孩子考到名校，费尽心力；孩子成为高考状元，父母更是感到无限光荣。然而，考入名校成为状元，并不意味着成才，我们评价人才的标准应该是评价其对社会所做的贡献，有没有正确的三观引领。把名校和状元这个"末"看得高于"德"这个"本"，只求快速结果，殊不知，没有了根的树，既结不了果，也无法成为参天大树。

5.1.2　德厚人杰

如今，大批从国外归来的留学生也是成绩平平。有机构统计，有突出贡献的"海归"屈指可数。而老一代留学生中卓有成就者比比皆是：政坛领袖孙中山、周恩来、邓小平，中国铁路之父詹天佑，两弹元勋邓稼先……

钱学森是海外归国人员，是我国现代史上一位伟大的科学家，中国科学院及中国工程院院士，中国两弹一星功勋奖章获得者，同时也是一位杰出的思想家。

钱老放弃美国优厚的待遇，历尽千难万险回国，就是为了给自己的国家做贡献。其德可见一斑，正因为有了爱国爱家的美德，才让他异于常人的才华和能力为国所用，成为国之栋梁之材。钱老以及老一代留学生都有深厚的国学功底。德是才之体，才为德之用。人生的底色和基调正确，才能成大器。

诞生在烽火连天抗战期间的西南联大，8年间毕业的3882名学生中走出2位诺贝尔奖获得者，5位国家最高科学技术获得者、8位两弹一星功勋奖章获得者、171位两院院士及100多位人文大师。

西南联大的学生绝不是为了混个文凭而读书，面对强敌入侵、民族危亡，他们学习的目的更多的是报效祖国。

不论是"海归"还是国内毕业的学生，在求学路上都不能忽视自身品德的培养，只有"德厚"才能"人杰"。

5.2 孝心从自立开始

5.2.1 习劳知感恩

霍启刚曾在微博晒出一组照片，他和郭晶晶带儿子霍中曦到农田体验插秧，并配文感慨："锄禾日当午，汗滴禾下土，谁知盘中餐，粒粒皆辛苦。每天都跟孩子念，但是真的知道背后的意义吗？刚刚过了一个非常有意思的周末，跟老婆孩子一起去香港二澳村，体验插秧，领悟农民伯伯的辛苦……"霍启刚和郭晶晶的做法无疑是智慧的。

前苏联伟大的教育实践家苏霍姆林斯基认为："必须让孩子知道生活里有一个困难的字眼，这个字眼是跟劳动、流汗、手上磨出的老茧分不开的，这样他们长大后才会大大缩短社会适应期，提高抗挫折能力。"

习劳知感恩，是培养孩子优秀品质的重要途径。

在寒暑假青少年训练营中，学习做家务是非常重要的一课，我们会让孩子洗碗、擦地、打扫房间和厕所卫生。一个在家里从来没有干过活的小学六年级的女孩，学习成绩非常优秀，还是班长，她只洗了一次碗就给姥姥打电话说："姥姥，我节假日到您那里最开心的是吃好多好吃的，吃完了嘴一抹，什么也不干。我从来没有想过做这些好吃的会多么辛苦。我今天只洗了洗碗筷就感觉很辛苦，才想到姥姥平时做饭有多不容易，而我连句谢谢都没有说过。姥姥，对不起，谢谢您，回去我都你干活。"

我们现在的一些家长别说让孩子参加劳动了，生活中一点苦都不肯让孩子吃。2019年，我在北戴河开办青少年训练营时，因暑期火车票紧张，一些家长因为孩子只买到了硬座票没有买到卧铺票就取消了孩子这次活动。一个家长说："没有卧铺？我的孩子可吃不了那个苦。"

孩子小的时候父母舍不得让他吃苦，孩子长大后社会会让他吃更多的苦。

5.2.2 舍得让孩子吃苦

很多父母舍不得让孩子吃苦，甚至连家务也不让孩子做，以为包办孩子的一切就是对孩子好，孩子才能有出息，等自己老了孩子就会孝顺自己。其实不然，父母过度参与孩子的生活，不但剥夺了孩子成长和锻炼的机会，还阻挠了孩子积累功德的机会。今人如此，古人也如此。

《战国策》中有一个著名的故事——触龙说赵太后。

赵惠文王去世后，赵太后出面辅佐年幼的孝成王管理朝政。秦国看赵国君主年幼，就借机出兵攻打赵国，赵国不敌，向齐国寻求援助。齐国答应帮忙，条件是让长安君做人质。

长安君是赵太后最小的儿子，也是她最喜欢的儿子。因担心小儿子在齐国受苦，所以她一口拒绝了。

国难当头，众大臣深知赵太后的性格，大都不敢劝谏。此时触龙入宫劝导。见到赵太后，触龙不像其他大臣直接劝说，而是请求赵太后让自己的小儿子入宫当守卫，希望自己死前能为孩子找一份有保障有前途的工作，确保孩子无后顾之忧。赵太后看到触龙和自己一样疼惜孩子，一口应允下来。

触龙趁机对赵太后说道："我觉得您疼爱女儿燕后比疼爱长安君多一些。"

赵太后奇怪地问："你是怎么看出我最疼爱的是燕后呢？"

触龙分析道："您把女儿嫁到燕国，虽然也很舍不得，但希望她的后代在燕国称王，不愿意看到她回来（古代出嫁的女儿无故回家常常是因为被休），是为她做长远的打算。而您却不愿让长安君做人质，为国家做出贡献，没有功德的长安君今后怎么在赵国服众呢？"

赵太后听了若有所思，最后她听从触龙的建议，把长安君送到齐国当人质，换来了齐国的援兵。

触龙之所以能够劝说成功，是因为他深知"位尊而无功，奉厚而无劳，而挟重器多也"之深意。春秋战国时战争多，无威无德不能掌大权。赵太后是何等聪明之人，自然也知此意，所以，虽然她宠孩子舍不得让孩子到齐国受苦，但还是听从了触龙的建议。

我们今天生活在和平年代，但生活中也充满了竞争，比如学校的竞争、职场的竞争等，都需要孩子自己去经历。如果父母舍不得让孩子接受历练，不要说未来有所进步，恐怕连保持现状都难。

5.2.3　磨难铸就成功

一个人在成长的道路上，总是会遇到这样或那样的困难，甚至是遭遇种种磨难。苏格拉底说："逆境是人类获得知识的最高学府，难题是人们取得智慧之门。"磨难是对人生的考验，有时候也是人生必须经历的过程。巴尔扎克说："世界上的事情永远不是绝对的，结果完全因人而异。苦难对于天才来说是一块垫脚石，对于能干的人来说是一笔财富，对于弱者来说是一个万丈深渊。绝境能造就强者，也能吞噬弱者。"

下面这个化茧为蝶的故事或许会给我们一些启示：

有一天，一只茧上裂开了一个小口，有一个人正好看到这一幕。他观察着，幼虫艰难地将身体从那个小口中一点点地挣扎出来，几个小时过去了……幼虫似乎没有任何进展，看样子它已经竭尽全力，不能再前进一步了。

在一旁观察的人决定帮助一下幼虫：他拿来一把剪刀，小心翼翼地将茧剪开。

幼虫很容易地挣脱出来，但是它的身体很小，翅膀紧紧地贴着身子……

这个人接着观察，期待着幼虫的翅膀会打开并伸展开来，成为一只健康美丽的蝴蝶。

然而，这一刻始终没有出现！

实际上，这只幼虫在余下的时间里只能极其可怜地带着萎缩的身子和瘪塌的翅膀爬行，它永远也无法飞起来……

这个好心人并不知道，幼虫从茧上的小口挣扎而出，是上天的安排，它要通过这一挤压过程将体液从身体挤压到翅膀，这样它才能破茧而出，展翅飞翔……

我们的生命中也需要奋斗乃至挣扎。

磨难，是上天化了妆的礼物，让人感到绝望的时候，也正是磨炼人的大好时机。所以，每个成功者都发自内心地对磨难充满了感激。

舜是传说中的远古帝王，五帝之一。他能够居帝王之位，并且以贤帝之名名垂史册，很大一部分原因是磨难成就了他。

舜的生母早逝，他的父亲、继母及同父异母弟弟象，想尽方法想要置他于死地。

有一次，他们让舜去修谷仓，等舜登上仓顶，他们趁机抽去梯子，并放了一把火。舜为了活命，挟着两个斗笠从仓顶飘然而落，毫发无损。看到舜没死，他们又让舜去掏井，等舜到井里后，他们用土石填井，舜从地道中走出来，令继母及弟弟象十分惊恐。

尽管父亲、继母和弟弟屡次加害舜，但舜对父母孝敬如初，对弟弟依然友好。帝尧正是因为知舜至孝，又见他德才兼备，才放心地把治理天下的大任给他，从而让舜成为"兼爱百姓，务利天下"的"远古圣王"。

舜登天子位后，仍然恭恭敬敬地对待父亲，还封弟弟象为诸侯。

舜在行孝的过程中，心怀天地，心系父母。孝锻造了他的大爱，强化了他德行的肌肉，为他后来治理国家打下了基础。

以此看来，所谓的恶是来成就我们的，舜的父亲和继母用他们的恶成就了舜的善，让他从两方面提升了自己：一是让他锻炼了德行的筋骨；二是让他积累了功德，最终成就了自己。

人生中的风风雨雨、坎坎坷坷，会使经历的人发生蜕变，内在的潜力得到激发。日本作家村上春树说："当你穿过了暴风雨，你就不再是原来那个人。"

成功的人都是解决问题的人，失败的人都是被问题解决的人。挫折和困难就是给了你一道难度很大的生活考题，你每解开一道，人生就会加分，直到你可以承担大任的那个层面——厚德载物！

第 ⑥ 章

孝育360：
家庭、学校、社会，
一个都不能少

6.1 德育五部曲

6.1.1 人生"五育"

东汉时期许慎所著《说文解字》中记载："孝，善事父母者。从老省，从子，子承老也。"这种对文字结构的拆解，就是对父子老幼关系的最好诠释。

孝道文化，是从"尊亲"和"事亲"的血缘关系生发出来的。

《诗经》云："父兮生我，母兮鞠我。拊我蓄我，长我育我，顾我复我，出入腹我。欲报之德，昊天罔极。"意思是说，父母之于子女，经过了孕育、生育、哺育、养育、教育的过程，父母之恩，天高地厚！

善心、爱心、孝心，都是中华民族的传统美德，是衡量一个人品质高尚与低劣的重要标准之一。具有善心、爱心、孝心，才能净化自己的心灵，达到精神愉悦、快乐；才能使自己身体健康，事业有成；才能培育出健康智慧的孩子。

备育、孕育、生育、养育、教育，这"五育"堪称家庭教育的五部曲（图6-1）。

图6-1　家庭教育的五部曲

6.1.2　"五育"立德

孝是儒家思想的重要组成部分，也是道德的核心。父母如果想让孩子成为一个有道德的人，就要从这"五育"入手。别看这"五育"中都有一个"育"字，但概念层次各不相同，意思也各有侧重。

1. 备育

备育也是被育的过程。我们这里提到的备育，是指两个准备结婚的男女，要关注以下三点。

第一点是男女双方的人品修养。男女双方要有责任感，懂得体贴人；要洁身自爱，勤劳善良。有修养的人能够管理好自己的情绪，管理情绪的过程是一个人心理成熟的过程，一个能掌控自己情绪的人，人格才是完整的。男方情绪稳定，平时待人接物比较宽容大度；女方情绪稳定，能避免产后抑郁。

第二点是要有正式的婚礼。婚礼是一种文化，是男女双方爱情的见证，更是两个人未来生活中的美好回忆。婚礼是具有纪念意义的仪式，特别是中国式的婚礼，每个环节都有美好的寓意，从心理学的角度说，可以暗示和提醒彼此之间要珍惜，对婚后幸福生活具有重要的作用。

第三点是要处理好家庭关系。婚后的两个人，在爱的基础上要彼此包容，凡事多从对方的角度考虑，这样才能处理好家庭关系，促进夫妻之间的感情，把日子过好。反之，即便再相爱，若无法处理好家庭关系，在一起也很难把日子过好。心情不佳是难以孕育身心健康的孩子的。

男女双方能够做到这三点，婚后相亲相爱、和和美美过日子也就不成问题了。丈夫的体贴会让妻子把公婆当成父母来孝敬；妻子的善良贤惠会让丈夫感恩岳父母、孝敬岳父母。

2. 孕育

古人云："闺阃乃圣贤所出之地，母教为天下太平之源。"孕育孩子是一件很神圣的事情，迎接新生命是一个美好的过程，夫妻要心情愉悦、满怀期待地享受这个过程。胎儿是有灵性的，他（她）会感觉到父母对他（她）的爱和期盼。

在怀孕期间，准妈妈要注意饮食起居，保证良好的健康状态。禁房事、戒生冷、注意保暖、消除烦恼，要以静养为主、防止情绪剧烈波动。在怀孕期间谨慎使用药物，如必须使用时，谨遵医嘱。更重要的是，要做到用心孕育，在这方面周文王的母亲早就给孕妇做出了榜样。《史记》中记载："太任有妊，目不视恶色，耳不听淫声，口不出秽言，食不进异'辛、辣、苦、涩'味。"准妈妈起行坐卧要端端正正；准爸爸要多多关怀，多多体贴，照顾好妻子的情绪，营造和谐的家庭氛围，当胎儿发育到一定阶段，可以通过适当的外部刺激，比如听古典音乐、抚摸并与其对话、诵读经典文章、亲近大自然等，促进胎儿神经系统的发育和各器官的生长。

3. 生育

生育时准妈妈要做好两点：一是在怀孕六个月时要完成生产的准备工作，让自己具有生产的意识；二是尽量选择自然生产。科学研究表明，自然生产时，子宫节律性的收缩会使宝宝胸廓受压与扩展，有利于他们肺部活动及出生后的气体交换。

同时，自然生产过程中胎儿在产道内受挤压，能使肺泡、支气管和气管内的液体在出生后自口鼻流出，能有效地预防吸入性肺炎的发生。更重要的是，自然生产的孩子脑部发育更好。

4. 养育

养育孩子是父母自我重塑的过程，要做到以下三点。

第一点是为人父母的责任感。孩子只要生下来，就一定得养，必须有养的意识。特别是母亲，生了孩子就得养，尽量自己养，不能推卸责任把孩子推给老人或保姆来带，更不能过早地把孩子送到全托幼儿园。三岁以前的孩子还处于依恋母亲的敏感期，这个时候把孩子送到全托幼儿园，即便幼儿园老师对孩子再好，孩子也会感觉自己被抛弃了，非常不利于孩子长大后与他人建立健康的亲密关系。

第二点是选择母乳喂养。母乳是最自然、最安全的喂养方式。有研究表明，吃母乳长大的孩子要比吃奶粉长大的孩子免疫力更强。母乳喂养超过半年的孩子很少患多动症。母乳中含有多种疾病的抗体，比如感冒、肺炎、脑膜炎等。妈妈体内的某种抗体会通过母乳传递给孩子，大大降低了孩子患病的概率。

第三点是让孩子获取心理营养。三岁以前的孩子，在情绪上与母体共生，你对他好，他就会感到安全、快乐。此时能否给足孩子心理营养，直接决定着他的心理品质。这种心理品质叫希望。所以，母亲在给孩子喂奶时，要多跟孩子交流、互动，这有助于孩子形成健康的心理。我们观察会发现，孩子吃奶时，眼睛会一直看着母亲，观察母亲脸上的表情，这时母亲如果用充满爱的语言跟他交流，尽管他听不懂，却能够感受到母亲对他的爱。同时，母亲还可以用行为表达对孩子的赏识，比如，用手爱抚他（她）、轻拍他（她）的背部，为他（她）唱轻柔欢快的童谣，这都能让孩子得到足够的心理营养。

5. 教育

《荀子·修身》曰："以善先人者谓之教。"《礼记·学记》曰："教也者，长善而救其失者也。育，养子使作善也。"真正的教育，是对孩子进行做人的教育，让孩子向善、向良；育就是养孩子，让他向善的方向发展。

教育包括三点：

第一点是让孩子保持善良的本性。《三字经》讲："人之初，性本善。"每一个孩子都是天使，都具有善良的天性。

第二点是教孩子善良。就是父母要引导孩子在善良本性的基础上拓展到言行。比如，孩子小时候对父母只是依恋和爱，不懂得感恩，认为一切都是他应该获得的，父母就要教他懂得感恩。比如，父母身体力行做榜样，感恩和孝敬自己的父母，感恩周围对我们有帮助的人，在节假日带着孩子一起祭祀祖先，等等。

第三点是当孩子在成长过程中出现品德上的偏差时，父母要及时纠正。

前两点是长善，第三点是救失。

6.1.3 孝育则德立

这"五育"当中，教育尤为重要，特别是孝道教育。孝道是儒家思想的重要组成部分，也是道德的核心。父母如果想让孩子成才，凭一个孝字就可以把孩子教育得很好。所以，父母要先从培养孩子的孝心开始，而且越早越好。

古人云："我能孝，自无逆子；子能孝，自无逆孙。"意思是说，如果我们自己能行孝道，那孩子一定是孝子；如果我们的孩子能行孝道，孙子也会孝顺的。

在电视剧《大宅门》中，二奶奶的儿子白景琦从小调皮顽劣，很难管教，二奶奶仍然把他教育得服服帖帖。即使后来白景琦成长为家族事业的继承人，并且做了很多令人称奇的大事情，但他在二奶奶面前仍然是恭恭敬敬，说不得半个不字。其中有一个原因就是，二奶奶对儿子白景琦的启蒙教育，就是孝道教育。

在白景琦几岁的时候，二奶奶就向儿子灌输家族的重任，教育他学有所成后要为家族争光。白景琦小时候不喜欢读书，她不惜重金，托人寻找德高望重的老先生让儿子接受传统文化的熏陶。用"百德之首，百善之先"的"孝"教育孩子。更为重要的是，二奶奶自己就是一个很孝顺的儿媳妇，她一方面督促儿子学习，另一方面用自己良好的德行影响儿子。这才有了白景琦后来的功成名就。

6.2 成才先成人，立德树人

6.2.1 "三全"联动

国无德不兴，人无德不立，育人之本，在于立德铸魂。才为德之资，德为才之帅，培养德才兼备的有用人才，需要"三全"联动，（图6-2）。

图6-2 培养德才兼备的人需要"三全"联动

1. 全人

一个人成才前要先成为一个"完整"的人。有人说，这个时代是"半个人"的时代。那么，什么是完整的人呢？梁思成先生早在1948年就提出，要走出"半个人"的时代，指的是当时的文理分科使得学文的不懂理，学理的不懂文，只能培养出半个人。其实，不只是懂文不懂理的人是半个人，身体健康、心理不健康的人也是半个人，有知识没有能力的人也是半个人。

2. 全员

孔子说："三人行，必有我师焉。"所谓全员就是指人人都是教育者，人人都是被教育者。孩子长大需要教育，成年人完善自己也需要教育，很多父母在跟孩子相处时会发现，很多时候孩子就像一位小老师一样"严格"。有位朋友说，她儿子三岁时她带他过马路，红灯亮时，她看到过往的车辆少了，就抱起孩子准备闯红灯。儿子却挣扎着要下来，并对她说："妈妈，你说过红灯要停，绿灯才能过马路的。"在这件事上，孩子就成为教育者，而大人成为被教育者。

老年人同样需要通过学习完成自我教育。俗话说，"老小孩"。随着年龄的增长，身体不允许老年人继续在社会上打拼，有些老年人脱离工作后，会把过多的精力投入孩子身上，似乎没有了自己的生活。这样会导致两种结果，一是拖累孩子的生活，二是让自己的生活变得没有意义。所以，老年人应在自己的能力范围内，培养兴趣爱好，把自己的生活过得丰富多彩，活出自己的人生价值。真正地做到上无愧于祖先，下对得起儿女。

成长就是要以道为核心，以德为准绳。正如"教"的含义："长善而救其失者也。"我们不但要教育与我们有血缘关系的亲人，还要"管"社会上一切有失道德的人，这样才能维护好我们这个社会大家庭的家风。比如，对于"老人摔倒了要不要扶"这个问题，有很多人选择冒着被误会的风险，主动救助危难时的老人。他们在救助之前有的录像、有的找证人等，由此也能看出：德生智慧。

3. 全程

全程是指一个人要终身学习、终身成长，正所谓"活到老学到老"，我们每时每刻都需要学习。无论是功成名就的名人，还是生活恬静的普通人，都需要不断学习和成长。特别是品行，是我们一生要学习和提升的。这就是人们常说的幼儿养性、童蒙养正、少年养志、成年养德、老年养慧！

正如《大学》里所说："自天子以至于庶人，壹是皆以修身为本。"这句话告诉我们，上至天子下至普通百姓，都无一例外地必须以修身（修养自己的品德）作为人生的根本。

6.2.2　一生都在成长

一个人的成长，是"三全"联动的结果；同样，一个人的成才，更需要投身于"三全"联动之中。因为你无论是为人子女，还是为人父母，都是教育者和被教育者。

为人子女时，作为被教育者，我们要虚心听取长辈的教导，毕竟他们多年的生活经验值得我们学习。人无完人，父母有时做得也不完全对，此时我们又成了教育者。这时我们要换位思考，先明白父母养儿育女的艰辛；再从侧面劝说，把做错的事情讲清楚：为什么错？错在哪儿？让父母明白道理，以便以后做事的时候考虑周全些，以免再做错。

为人父母时，我们更要当好教育者。要想让孩子成为一个有德的人，我们自己先要做一个有德的人，以德为基础教育孩子向善。

父母德行上的不足，是孩子最大的灾难，不仅会在孩子的成长过程中给出错误的示范，让孩子走上错误的道路，还会因价值观扭曲给孩子的一生带来难以逆转的伤害。

自古以来就有"种瓜得瓜，种豆得豆"的说法，美好的品德会代代相传，不良的品行会殃及子孙。与此同时，父母有错误的言行时，就是被教育者，这时要认真听取晚辈的批评，改正自己的错误。

在教育后人方面，北宋的包拯就是一位榜样，他特别重视后代的品德教育。他平时教育子孙要奉行清廉，自己更是以身作则，被誉为包青天。晚年时，他请石匠将他立下的家训"后世子孙仕宦，有犯赃滥者，不得入归本家，亡殁之后，不得葬于大茔之中，不从吾志，非吾子孙"刻在碑上，将碑镶立于堂屋的东壁，令子孙时时观瞻，严格奉行。

一个人从出生到中年到老年，始终扮演着教育者和被教育者的角色。所以，为人子女时，要悉心接受父母的教导；为人父母时，更要用一言一行、一举一动为子女做好示范。

6.2.3　老人如何成长

说到成长，很多人以为这个词只跟孩子或年轻人有关，很少跟老年人联系在一起。其实，每个人都需要成长，成长是人一辈子的事。老年人如果不成长，很可能就会变成"啃幼族"。

我们既不希望年轻人"啃老"，也不希望老年人"啃幼"。什么是"啃老"？就是成年后还靠父母养活或者接济生活。那什么是"啃幼"？这是我独创的一个词，就是身体健康、生活能够自理却离不开孩子，总希望孩子陪在身边、关注自己。"啃老"是物质上的，"啃幼"是精神上的。什么样的人容易"啃幼"？没有独立的人格、没有追求、无所事事，把注意力集中在孩子身上的老人最容易成为"啃幼族"。

对他们来说，不缺钱、不缺穿、不缺吃，唯一缺的是陪伴。

难道老年人的生活就是这样的？除了等待儿女、等待陪伴以外，还有没有其他的方式可以选择？有，当然有！人生的苦乐，取决于自己的内心，取决于学习和成长，也取决于自己的选择和追求。

学习和成长不仅仅是为了成功、为了跟别人竞争，还为了让自己活得有价值、有意义。

《七个儿子和一根拐杖》是一个老人因为学会感恩从而改变生活的故事。

一个年迈的老者，背已经驼了，挂着一根拐杖沿街乞讨。老人说："我有七个儿子都娶妻成家了，他们有妻子要照顾，有孩子要养育，所以无法容纳我，把我赶了出来。"当遇到佛陀时，老人跪下说："佛陀，您救救我！我到底怎样才能感化我的儿子？"

佛陀没有教给他改变儿子的妙招，而是让他学会感恩。老人感觉自己一无所有，不知道要感恩什么，佛陀慈祥地说："你什么都不要想，只要用心将你手中的拐杖拿好，走路走稳。你要用最虔诚的心去感恩这根拐杖，因为它帮助你走路，你要看到，你要知恩，这是第一条。第二条，若有恶狗跑来，你可以用拐杖赶走它，保护自己；涉水时可以用拐杖去探探深浅，以保安全。第三条，它助你走路，让你不会因踢到石头而跌倒。所以，你要用心感恩它。"

老人听了佛陀的话，心想："是的，这个时候我还能靠谁？我只能依靠这根拐杖，这根拐杖给我的帮助最大，我应该感恩。"从此，老人不再抱怨儿子，不再找他人的麻烦，而是一心一意地感恩。有时他边走路边念叨："感恩！感恩拐杖帮助我走路，感恩拐杖帮我探测水的深浅，感恩拐杖轰走恶狗、保护我的身体。"老人由此变得善良而慈祥了。

佛陀在一次说法时，让老人分享了感恩拐杖的经历。老人的七个儿子和七个媳妇恰巧也在现场，他们的良知即刻被唤醒，都争着请父亲回家。

这个故事很简单，但是其中的道理却很深刻。

老人不明白自己沦落为乞丐，不仅仅是因为儿女不孝，还因为他一心想让儿子改变，想从外面寻找解决问题的答案。就像现在有些老人，遇到类似的情况就把儿子告上法庭，结果不仅没有解决问题，还把和子女的关系搞得更僵。

如果儿女不孝敬父母，作为父母的我们也要反思和改变自己，而不是一味地要求儿女改变。"行有不得，反求诸己"，我改变了，情况就改变了，这就是古人所说的境随心转的道理。

人不管多大年龄，都需要成长，任何时候开始都不晚，因为成长是一辈子的事。

任何年龄段，都要注重生命的品质，老年人不要只是围着儿女转，要有自己的喜好，要活出自我，要关注自身健康，要拥有健康的生活习惯，做自己喜欢的事情。父母身体健康、心情愉快就是对儿女最大的支持。

6.3 家庭、学校、社会都不能缺席孝育

6.3.1 父母是孝育的示范

孝心，是一个人的善心、爱心和良心的综合体现。"孝"是我们中华民族的传统美德。几千年来，它始终是衡量一个人道德品质高低的重要标准之一。这种以血缘、亲情为核心，以家庭为基础的爱心，不仅是个人道德的根本，而且是社会公德的根基。孝，小可以帮助家庭和睦，大可以促使社会和谐。

父母能否善待家里的老人，与孩子能否回报父母的养育之恩关系密切；父母能否礼待亲友和邻居，与子女有没有爱心关系密切。因为父母的善良和博爱，是子女将来拥有良好人际关系和事业发展的关键。父母的眼界和心胸决定着子女的前程和胸襟。

　　有一对夫妻都是从农村考出来的大学生。经过几年的努力，他们在城市买了房和车。为了方便照顾多病的母亲，他们把母亲接到了城里同住。

　　他们夫妇都有工作，还有孩子要养，再加上生病的母亲，生活变得异常忙碌。但不管工作多忙，夫妻俩都会轮流给母亲按摩。

　　有一次，母亲心疼地对儿子说："你们要工作，还要照顾我和孩子，时间长了，身体会吃不消的，还是把我送回去吧。"儿子笑着说："妈，您说的这是什么话，我年轻，累点怕啥。您是我的精神支柱。以前我工作时会偷点懒，时常需要把工作带回家来做。自从您来了，我工作效率可高了，当天的工作在公司就做完了。"他跟母亲说话时，八岁的儿子望着他笑。

　　第二天晚上，他要辅导儿子写作业时，却看到儿子在卫生间洗衣服。儿子指着洗好的衣服说："爸爸，以后我的事情我自己来做。"看他惊讶的样子，儿子又说："您和妈妈工作忙，我的作业在学校就写完了，您帮我签个字就行了。您和妈妈要是累了，我给你们捶背。"

　　父母是示范之师。父母孝敬自己的父母和长辈，就是对孩子最好的教育。言传不如身教，做孩子敬亲孝老的榜样，孩子在潜移默化中就会懂得孝敬父母。孝道文化不是说教而是实打实地做，只有在两代人的互动中才能传递，才能传承，才能让好的言行成为孩子受用一生的资本。

　　孝心教育对于提高人们的道德素质具有重要作用。在家庭当中，身教重于言教，父母在家里既要做好孝敬长辈的典范，更要做好尊师重道的先锋。父母把孩子送到学校学习时，自己先要相信老师、尊敬老师，处处维护老师的尊严，孩子才能尊敬老师。

在这方面，我们来看一下日本教育家多湖辉讲过的一个故事：

一位植物学家的儿子拿着一株不知名的小草请教老师，但老师不认识。于是，老师和颜悦色地对他说："你的父亲是一位著名的植物学家，你不妨去请教他，老师也想知道这种小草的秘密。"

第二天，孩子又来找老师："爸爸说了，他也不知道这种小草的名称。他还说，老师您一定知道，只是一时忘记了。"说完，孩子顺手把爸爸写的一封信交给了老师。

老师打开信，信上详细地写了这种小草的名称和特性，最后还附着一句话："这个问题由老师回答，想必更为妥当。"

这位父亲是一位非常高明的教育者，他能自降身份支持老师，帮助老师塑造在孩子心目中的形象，在尊敬老师方面做得十分到位。这样既维护了老师在孩子面前的师者形象，又让孩子对老师更为敬重。

老师是传道授业解惑之师，父母善待孩子的老师，就是善待孩子的成长；父母尊重孩子的老师，就是尊重孩子的未来！

除了带头孝敬父母、尊师重道以外，父母还要做遵纪守法的公民，在公共场合注意自己的形象、留意自己的言行；在工作中爱岗敬业、负责任有担当。父母的一言一行和对工作的态度都是在给孩子做示范，孩子会在生活和学习中不由自主地去模仿。这就是人们常说的"老子英雄儿好汉"，父母是孩子的启蒙老师，也是孩子一生的良师益友。父母若品行好、有良知、知感恩、懂回报，那么孩子也会把这样的美德传承下去！

家庭是孩子人生的第一个课堂，父母是孩子的第一任老师。家庭教育涉及很多方面，但最重要的是品德教育。要把美好的道德观念从小就传递给孩子，使他们健康成长，长大后成为对国家和人民有用的人。

过去我们说"一日为师，终身为父"；现在我们要强调的是，身为家庭教育者的父母，也一定要"一日为父，终身为师"。

6.3.2　学校是传道授业解惑之地

师道是建立在孝道的基础上的。为人子，就该孝敬父母；为人徒，就该尊师重道。师道尊严原本是指老师受到尊敬，他所传授的道理、知识、技能才能得到尊重；现在多指为师之道尊贵、庄严。父母在家庭中要侧重对孩子的尊师教育，多谈老师好的一面，传递正能量；老师在学校要侧重对学生尊师长、懂规矩、守纪律、修品德、孝顺感恩的教育，让学生既理解师道的重要，同时把孝敬父母、赡养老人的传统美德传承下去。

让孩子从小懂得孝道文化，学校至少要做到三点（图6-3）。

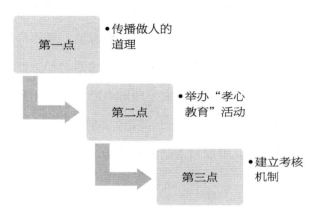

图6-3 学校要做到的三点

2017年11月，河南某学校在感恩教育活动月，开展了以"感恩从心开始，让爱温暖你我"为主题的一系列体验活动，以让每一个少年都能怀着一颗感恩的心看世界，乘着感恩的翅膀成长。

周一升旗仪式上，老师领着全校学生诵读《劝孝歌》，学生们立下了"孝顺理当然，不孝不如禽"的誓言。在签字仪式上，每个同学都郑重地写下自己的名字，用自己的名义担保，一定会感恩。

为了营造感恩的氛围，鼓励爱的表达，老师还鼓励学生从生活小事中感受父母、亲人、同学对自己的关爱，并勇敢地表达与回馈。每班还分组制作二十四孝故事手抄报，学生们互相交流学习，既树立了孝顺父母的榜样，又学会了怎样感恩父母。

在平时生活中，同学们为了用行动表达感恩，在家主动做家务，在学校主动帮老师做力所能及的事情。真正拥有一颗感恩的心，就是把快乐留给自己，把温暖带给别人！

湖南某学校在一次例行的升旗仪式上，少先队员代表做了《感恩老师，我们一直在路上》的主题演讲，其中说道，是老师教会了他们学习，教会了他们做人，教会了他们成长；感谢老师就要从心里认识到老师循循善诱的用心，要从事实上理解老师的辛劳和苦心，要从行动上服从老师的指挥，要从观念上认同老师的所作所为。

这些学校举办的以感恩为主题的教育活动非常好，让孩子们与爱一起成长。

内蒙古某中学的德育教育非常有特色。该学校采取"导师引领，小组合作，全员育人"的教育模式，用"德智储蓄卡"等形式，形成了一套对学生的学习、品行进行全面考核评价的系统，将学生个人综合测评分数记入学生成长档案。这一工作的开展，促进了学生综合素养的提升，完善了学校的管理工作，使学生的道德品质教育真正地落在了实处。

山东某小学开展了"孝道感恩"主题教育，组织开展敬老爱老助老等一系列活动，给全体同学布置了几项特殊的"家庭作业"：对父母说一句感谢的话，和父母谈一次心，为父母洗一次脚，尽自己的能力为父母做一顿饭，承包一项家务劳动并坚持下来，为父母制作一件礼物以表达自己的感恩之情。这些活动的开展，培养了学生敬老爱老助老的良好道德风尚，营造了深厚的行孝道、承美德的教育氛围，使全体师生知恩、感恩、践行孝道，内化为信念，外付诸行动。

父母教孩子尊敬老师，老师教孩子孝敬父母。家长示范、老师引领，这样才能够真正地"立德树人"。

6.3.3　社会有引领监督的责任

《孝经》曰："君子之教以孝也，非家至而日见之也。教以孝，所以敬天下之为人父者也。教以悌，所以敬天下之为人兄者也。教以臣，所以敬天下之为人君者也。"

意思是说，君子教人行孝道，并不是挨家挨户面对面去推行。君子教人行孝道，是让天下为父之人都能得到尊敬。教人为悌之道，是让天下为兄长的人都能受到尊敬。教人为臣之道，是让天下君主都能受到尊敬。

所以，孝道是家事，也是国事，关系到社会的风尚。

孝道倡导对父母的孝养，再往上拓宽是敬，再拓宽是显亲扬名，为家族争光。心量再拓宽，就是《孟子·梁惠王上》中所说的："老吾老，以及人之老；幼吾幼，以及人之幼。天下可运于掌。《诗》云：'刑于寡妻，至于兄弟，以御于家邦。'言举斯心加诸彼而已。"

意思是说，爱自己的长辈，进而爱别人的长辈；爱自己的孩子，进而爱别人的孩子。做到这些才能治理好国家。《诗经》中说，先给妻子做榜样，再给兄弟好影响，凭此治家和安邦。也就是说，要把这样的努力推广到各个方面。

一个孩子在公共场合抽烟或有其他不合礼法的言行，任何一个长辈都像教育自己的孩子一样制止他、纠正他，这就是"幼吾幼，以及人之幼"；而一个在家不敢顶撞父母的人脾气再坏，在公共场合也不敢公然对老人无礼，这就是"老吾老，以及人之老"。在社会上形成的美德就是尊老爱幼。

但现在，如果老人在公共场合指出年轻人的不雅言行，有的年轻人可能会破口大骂老人多管闲事，甚至有可能把老人打一顿。为什么？因为一些年轻人不懂也不知道孝道，连自己的父母都敢打骂，一个陌生的老人又有何不敢打骂呢？

2016年，一段"小区内一对男女殴打老人"的视频在网上流传，打人者是老人的儿子和儿媳。

父母受到孩子如此待遇，着实令人揪心。事情发生后，当地有关部门迅速介入，身为公务员的儿子孙某与儿媳尚某被停职并接受调查。该县纪委发布的通报显示，涉事夫妻均被开除党籍，其中丈夫从科员被降为办事员。

国家《老年人权益保障法》规定"禁止对老年人实施家庭暴力""虐待老年人或者对老年人实施家庭暴力的，由有关单位给予批评教育；构成违反治安管理行为的，依法给予治安管理处罚；构成犯罪的，依法追究刑事责任"。党内有关条例亦规定"自觉带头树立良好家风""对丧失党员条件，严重败坏党的形象行为的，应当给予开除党籍处分"。

社会的重视，政策法规的支持，为维护老年人的合法权益，发展老年人的事业，以及弘扬中华民族敬老、养老的美德提供了有力的保障。

第**7**章

孝的现实：
孝道面面观

7.1 孝的铁三角: 物质供养+生活照料+精神慰藉

7.1.1 解读孝的铁三角

从古至今，人们践行孝道的基本内容包括物质供养、生活照料、精神慰藉三个层面，我们将其称作孝的铁三角（图7-1）。

图7-1 孝的铁三角

古代的孝子不管多穷，都会想方设法找食物供养父母。在温饱没有保障的年代，因平时与父母同住，生活上的陪伴和照料基本不是问题，物质供养常常是最大的问题。如果父母病了，更是变卖家产也要为父母治病。每天早晚问安，记挂父母、尊重父母也是对父母精神的慰藉。

随着社会的发展和人们生活水平的不断提高，孝的铁三角的侧重点也发生了变化。老年人的物质生活都有了基本保障，有一部分老人自己有退休金，再加上大部分子女能够做到出钱出物赡养父母，所以在物质层面满足父母的基本生活需求已经不是问题。

在生活照料层面孝道也发生了重大变化。由于独生子女的特殊性，特别是双独家庭，一对夫妻有四个老人，再加上祖辈，有的家里有六七个老人，让这一对夫妻陪伴在老人左右、照料老人的日常生活不现实。"拿起工作不能陪护你，放下工作不能赡养你"，道出了独生子女尽孝的两难处境。花钱雇保姆来照顾父母，或把父母送到敬老院，也不失为一种方法。

对于父母来说，他们更需要精神上的依赖和慰藉，我们称之为精神赡养。这对孝敬父母提出了更高的要求，较之物质满足、生活照料这两个层面，精神赡养才是我们这个时代尽孝的重点和难题。

精神赡养是指对老人精神上抚慰，人格上尊重，生活上照料，情感上关爱，心灵上沟通。

7.1.2　尽孝是发自内心的一种善良

在现代市场经济社会中，人们的生活压力增大，生活节奏加快，流动性大，空巢老人很常见，因此，不少人只是以物质代替精神，认为给父母钱，给父母买保健品就是尽孝心，而忽略了对父母的精神慰藉。

"我们不怕缺金少银，就怕儿孙不亲晚年孤寂。"

"我们不要钱不要物，只要儿孙能常回来看看就行。"

"就想听听孩子的声音，看看他们，像他们小时候那样，在一张桌子上开心地吃饭。"

这些是当下很多儿女在外工作的父母的肺腑之言。他们对物质层面的需求不再看重，而是更看重精神层面的需求。

小时候，父母是我们的精神支柱；长大后，我们是父母的精神支柱。尽孝不是负担，更不是形式，而是发自内心的一种善良。

7.2　孝顺不是盲从，而是顺得有原则

7.2.1　孝顺不是盲从

有些人认为孝顺就是对父母、长辈恭敬，全心全意奉养父母，顺应他们的意愿，不管他们提什么要求，哪怕明知道不对，也不敢提出自己的想法，满足父母的一切需求和要求，唯有这样，才是真正的孝顺。

实际上，我国儒家思想里的孝顺，不是盲目地顺从父母，而是顺得有原则。《礼记·内则》说："父母有过，下气怡色，柔声以谏。谏若不入，起敬起孝，说则复谏，不说，与其得罪于乡党州闾，宁孰谏。"

意思是说，如果父母犯了错，我们首先应该想办法劝谏，不能放任不理。但是说话的时候，一定要注意方式方法，不能一针见血直截

了当地说父母哪里不好，避免"据理力争"。宁愿因自己不断劝说父母，让父母不高兴，也不能让父母因为过错遭邻里嫌弃。

7.2.2　孝顺不失自我

我国古训中说的父慈子孝，就是说父母的慈祥和儿女的孝顺是相辅相成的，这是双方的责任。如果父母不顾及你的感受，让你放弃一生的幸福，你则不必一味地顺应父母的意思。

孝顺，不是父母说什么就是什么；而是父母说得不对时，你能用诚恳的语气，让父母意识到他们错了，不继续错下去。

一位朋友讲了他亲戚家的故事。这家的女儿自小喜欢摄影，大学毕业后，她不想进父母安排的事业单位，想朝着摄影方面发展，于是做了一名自由摄影师，每天起早贪黑地在外面拍摄，靠着投稿维持生活。梦想很丰满，但现实很骨感。她的稿费根本不够开支，无法支撑她继续寻梦！

一晃两年过去了，父母看到她事业没做成，还耽搁了婚姻大事，就指责她不务正业，并说她要再这样下去就和她断绝关系。她不想惹父母生气，但实在不愿意听父母的到亲戚家的公司工作。她请求父母："人的一生很短暂，我不想放弃我的爱好和梦想，你们再给我三年时间追梦，三年后若我仍然不能实现梦想，我就去亲戚的公司打工。"

女孩平时就乖巧懂事，此时面对暴怒的父母也没有顶撞，而是心平气和地与父母商量。父母看女儿这么通情达理，也不再逼她。

之后女孩改变了追梦的方法，她开了微博和抖音，把自己的摄影作品放在上面，每拍摄一张照片，都会配上相关的文字。由于她拍摄的图片选取的角度新颖，再加上她用文字详细介绍，半年时间她的粉丝就达到了一百万，与此同时，各种平台开始找她约稿，广告商也联系她寻求合作。一年后，收入可观的她不但成为摄影界小有名气的摄影师，还收获了志同道合的爱情。

看到女儿女婿拍的一张张美丽的照片，父母为他们感到自豪。每逢这时，父母就感慨："幸好当初女儿没有听我们的话。"

女孩心平气和地和父母沟通，并最终用成绩换取父母的认可，这就是孝——没有顺应父母对自己的错误干涉。

为自己的梦想而努力，哪怕不成功也是值得尊重的。人生的幸福不取决于一份工作，或者跟谁结婚。

如果女孩顺从父母的意愿，去亲戚家的公司打工，然后找一个人凑合着结婚，不说遗憾一辈子，天天对着不喜欢的工作和不喜欢的人，不但她不开心，还会耽搁那位无辜的老公。她若不幸福，父母看着她痛苦，又岂能顺心幸福？

所以，孝顺父母，"孝"是必须做好做到，但"顺"就得看情况了。父母有错要善言劝导，并努力使自己事业有成。让父母为自己自豪，才是真正的孝顺。

7.2.3　劝谏父亲求家和

孝敬父母就要尊敬父母，孝敬父母就要爱父母。对父母无条件地屈从，容忍他们做错事，并不是敬父母、爱父母。如果父母做得不对，作为子女理应为父母纠错。当然方式方法也是非常重要的。其实古人已经想到了方法，《孝经》指出："父有争子，则身不陷于不义。故当不义，则子不可以不争于父。"面对父母犯错，我们应该尽力劝说，不要一味顺从。

小张是家中的小儿子，母亲早逝，父亲跟着他生活多年。他还有一个姐姐和一个哥哥，他们早年出国留学，毕业后就留在国外生活。每逢过年过节，姐姐和哥哥都会给父亲寄钱寄物，他们还出钱给父亲买了一套别墅。但父亲说什么也不去住大房子，而是跟小儿子住在一套小三居里。

小张的姐姐和哥哥打电话，父亲明确告诉他们，将来自己的房子和退休金要全留给小儿子，让他们不要惦记，因为每天三餐、看病住院都是小儿子在尽心尽力地照顾。

父亲心情好时，小儿子总是对父亲说："爸，您以后别对哥哥姐姐那种态度了，他们心里挂念您，您也知道，他们回家一次多不容易。我能够在您身边照顾您，一是我做子女的责任，二是哥哥姐姐在后方给予的经济支持。您生病住院时，他们能回来都会回来的。您跟哥哥姐姐生气，不但让他们不好受，您也不开心。咱可是一家人。我觉得吧，现在您的任务就是安安心心地过好晚年生活，您健康快乐就是我们做子女的福分。"

父亲听后，逐渐意识到自己做得不对，再次接到大儿子、女儿的电话时，就转变了态度。现在老人家的身体好，儿女孝顺，逢人就讲儿女有多么孝顺他。

孝就是对待父母要进退有度。一味地听从父母之言，那是对孝的误解。

鲁哀公曾对孔子说："儿子服从父亲的命令就是孝吗？臣子服从国君的命令就是忠吗？"问了三次，孔子不回答。子贡问孔子："就是这样啊，老师为何不同意呢？"孔子说："国君有正言谏诤的臣子，才保得住政权；父亲有正言规劝的儿子，才不会有违礼的行事。要弄清楚听从的是什么，才是孝子忠臣。"

7.2.4　孝顺不失原则

生活中，有人对父母一味顺从，看到父母的过错并不去劝说，甚至也盲目地认为是对的。尊敬父母并不是要盲目地孝顺。对父母尽孝是天经地义的，上到天子，下至平民老百姓都是一样的，但一味地顺从父母的意愿就是愚孝，孔子和孟子都指出要孝，但不一定要顺，该顺则顺，不该顺就不顺。

《春秋左氏传》记载，魏武子病重时，交代把一爱妾遣嫁，但临终又说让她殉葬。魏武子的儿子最后还是把那名妾遣嫁了，别人责备他违背父亲遗命，他解释说，父亲临终的嘱咐是"乱命"，乱命不可从。

孟子说："君之视臣如手足，则臣视君如腹心；君之视臣如犬马，则臣视君如国人；君之视臣如土芥，则臣视君如寇仇。"对于忠孝的传承，并不是让我们愚忠愚孝。

"孝"是感恩父母的道德和行为的准则，每个人都应该遵从。但是"顺"则不然，"顺"是对长辈的意愿和要求执行的过程。在这个过程中，可能有对错之分，正误之别，对于正确的要求，该顺的要顺；对于错误的要求，不该顺时就一定不能顺。如果不顾事情的对错，为了尽"孝"而盲目地去"顺从"，造成不好的结果，就会适得其反，也就不是真正意义上的孝顺了。

7.3 让父母活得有价值，老去有尊严

7.3.1 孝道有方

孝作为中华民族的传统美德，却被很多人误解为就是给父母寄钱、寄贵重礼物。于是，在我们周围或朋友圈里，经常能看到类似下面的话：

"今天给我父母寄了一大笔钱，让他们想吃啥就吃啥，想买啥就买啥。"

"父亲节和母亲节，我给我爸买了名牌剃须刀，给我妈买了价值几千的包包，都是直接寄回家的。"

"我爸妈爱吃啥，我都会在网上给他们买。"

这些年轻人能够做到这样，已经很不错了。但如果把中国的孝道再深入理解一下，可能会做得更好！

我们中国人把"孝"称为"孝道"，之所以称为"道"，是因为有"道法"存在。

古人的孝道是"父母在，不远游，游必有方"，并不是说要每天待在家里孝敬父母，而是父母在世时，尽量不出远门，如果必须出远门，要告知父母自己要去的地方。

这里的"方"是指去处、方向，更是指"方法"。也就是说，我们在父母身体健康时外出，要让父母知道自己的去处是安全的。但如果父母的身体需要照顾，你自己又必须外出，那就需要安排好照顾父母的"方法"，以尽孝道，这就是游必有"方"。

古代做大事、成大器的孝子，在这方面都做得很到位，因此成为我们的榜样。

曾国藩一家都把"孝"看得很重。曾国藩的祖父年老患病，口不能言、行动不便，曾国藩的父亲在床前侍奉多年，没有一点抱怨。曾国藩的祖父每晚要起夜多次，曾国藩的父亲都先将器皿放好，等父亲方便好后，再过去收拾。他祖父的衣服脏了一点，他父亲马上帮他祖父换洗。

随着时代的不同，子女们对父母的孝各不相同，但是真正能尽孝的年轻人，也都有自己的道。

7.3.2　让父母活出价值感

有一位企业家，他的公司市值近百亿，但他父亲却在他公司"隐姓埋名"地打着工。身为退休老师的父亲，是他公司的看门人，跟其他员工一样，每个月按时领工资，薪资也就几千元。

企业家说，父亲刚提出去他公司看门时，他说什么也不同意，不是嫌丢人，而是觉得父亲该歇息养老了；再有，父亲在公司也会让知情的员工觉得别扭。可工作了大半辈子的父亲适应不了无事可做的日子，主动提出不向公司公开自己的身份，最后实在拗不过父亲，企业家勉强同意了。

公司的看门人两班倒，父亲值白班，另外一个员工值夜班。一个月下来，父亲的工作得到了大家的认可。企业负责保安管理的领导提前给他父亲转了正。

企业家说，每个月发工资那天，家里的饭菜都会比平日更丰盛，那是父亲庆祝自己领了工资。逢年过节公司发的油和米，父亲兴高采烈地带回家。孩子们春节的压岁钱、平时过生日的红包和礼物，父亲都是大手笔，听着他底气十足的"我有的是钱"的话，企业家也被他快乐的情绪感染了。

现在企业家每年过生日，都会收到父亲送的生日礼物，当他欣喜地向父亲说谢谢时，父亲腰杆挺得直直地说："你要注意自己的身体了，少喝酒，表现好的话，下次送你更好的生日礼物。"

企业家无限感慨地说："我父亲年过70了，但他精神好，身体也棒，运动量比我还大呢，动不动就跟我掰手腕。看到父亲每天开心的样子，我才感到，父母年纪越大，越喜欢像年轻人一样寻找自己的价值。"

为人子女，其实最好的孝顺就是让慢慢老去的父母活得有价值。接受父母的付出，对父母是一种肯定。人是社会性动物，被认可是人最基本的心理需求。所以，给父母提供再好的养老条件，也没有让他们觉得自己活得有价值、有意义重要。

　　可能有的朋友说，我们没有企业家那样的条件，可以让父母通过"再就业"来体现价值啊。其实，在现实生活中，父母能够自己照顾自己的生活，他们就会觉得自己有价值；让父母做一点力所能及的事情，他们也会感到自己有价值。

　　就拿我婆婆来说吧，她90岁了，我经常让她帮我择菜。韭菜、茴香、豆角，都是她帮我择。她边择还边说，这就是老太太的活儿！每次择完菜，她都会对我说："我不是光能吃饭，还能干点活呢，是不？"我就说："是啊，您帮了我不少忙呢！"吃完饭，如果婆婆主动提出洗碗，我就让她洗，尽管她洗不净（我常常在她不注意时或做饭前再把碗洗一遍），我也夸奖她能干，感谢她帮我做家务。

　　对老人来说，我们在陪伴他们的同时，也要让他们觉得自己活得有价值。《礼记》中记载："孝子之养也，乐其心，不违其志。"对父母的孝顺就是，使父母从心里感到快乐，不违背他们的意愿，想办法让他们开心，让他们过得舒适，让他们感到有价值。

7.3.3　让父母体面地老去

随着年龄的增长，我们掌握了越来越多的生活技能，不用再像小时候那样让父母养着我们，还可以用自己赚的钱孝敬父母。父母在为我们感到欣慰的同时，在心理上却跟我们越来越疏远。特别是当我们在他们面前，熟练地用智能手机跟外界联系时，父母为了跟我们保持同步，也用上了智能手机。可当父母因为手机上的一些问题不停地问我们时，我们的不耐烦会让他们感觉自己落伍了。

我们身边有很多这样的人，他们以生活压力大为借口，整整一年，乃至几年，过家门而不入。每次接到父母让回家的电话，他们总是敷衍了事，从不顾及搪塞父母时，父母的无奈、失望和绝望。

鼓励和帮助父母培养兴趣爱好，转移他们的注意力，让他们找回成就感，找到自己的价值，是现代子女应尽的孝道。

为人子女的我们成年后，就意味着即将为人父母，随着自己儿女的长大，我们也将步父母的后尘。所以，在为自己儿女付出之时也应该为自己的父母付出。为父母付出，并不一定要父母享受锦衣玉食、豪宅别墅，而是要让他们活得有尊严。

我们这一代人对父母最高境界的孝，就是让父母有价值、有尊严地老去。

7.4 异地他乡之孝：把孝心变成孝行

7.4.1 有孝心才有孝行

从孔子论孝到《孝经》传世，再到汉武帝推行举孝廉，直至今天的感恩父母、和谐社会等等，孝文化经过了数千年的发展，逐渐成为修身、齐家、治国、平天下的理论基础，不仅在我国人民心中深深地扎下了根，也成为世界精神文明的文化瑰宝。

俗话说："纳粮不怕官，行孝不怕天。"行孝之人，真气从之，大义凛然，邪恶不惧，足以说明孝的崇高地位。孝不是空口说的，而是需要用心做的。

一个人有孝心才能有孝行。

现在有很多年轻人为了生计在外打工，有的在工作的城市定居，与父母在地理的距离就远了。但只要有孝心，距离远了，心也是近的。

阿刚是大学老师，在工作的城市定居三年了。平时他的工作很忙，但他从来没有以忙为借口冷淡父母。他所在的城市离老家的小县城有两个小时的车程。因为父母习惯了老家的生活，在他这里住不惯，所以阿刚每个周末都会回家看望父母，帮母亲做做家务，陪父亲聊聊家常。十一长假时，他还会带父母去外地旅游。

有一次，阿刚的几个邻居去他家串门，奇怪地问他："我家孩子也在外地工作，离得比你还近，他怎么总说忙，回不来，一年也就春节回家待几天，而且是大年三十回来，初三就走。我平时给他打电话，他总是说等他赚了钱，就买个大房子，接我们一起去住，到时候带我们去世界各地旅游。"

阿刚笑笑说："我的工作性质可能跟他不一样，而且我也习惯了每周回家看望父母。"

中华民族的孝是及时行孝。一个家庭特别是年轻人要想孝敬父母，最重要的是分清孝心与孝行的关系。光有孝心不行，还要有孝行。

7.4.2 把孝心变成孝行

在生活中，我们经常听到这样的话：

"等工作不忙了，我就请个长假，回去好好陪陪父母。"

"我父母喜欢美食，等我有了钱，要带父母吃遍全国的美食，让他们高高兴兴地过好后半辈子。"

"等我赚了大钱，就到郊区买个别墅，陪父母养养花、遛遛鸟。"

从这些话中，我们会发现，每个人都很有孝心。可是，孝心离孝行还有一定的距离。陪伴已经成为当今父母对孩子的奢侈要求。特别是当父母真正需要我们的时候，我们是否能够真正做到把孝心变成孝行呢？重庆小伙石磊的选择诠释了如何把孝心变成孝行。

2018年5月，重庆小伙石磊的母亲因为肥胖，身体频出问题，有天晚上因为发病差点丢掉性命。第二天，母亲打电话告诉了儿子。

石磊接到母亲的电话，非常担心，于是立刻请假回家带母亲去医院检查。这一查吓坏了石磊。母亲身体的各个器官都亮起了红灯：脑供血不足、动脉硬化、重度脂肪肝……体检小结整整一页半，10个注意事项。

这些病的元凶就是肥胖，减肥是唯一的解决方案。为了让母亲尽快恢复健康，石磊辞掉西安年薪30万元的工作，回到家乡陪母亲减肥。

然而让石磊为难的是，他为母亲定制的减肥计划，母亲很不看好，拒绝配合。为了说服母亲，石磊尝试了多种办法，母亲不愿跳舞，他就自己先跳；母亲不想爬山，他就假意说去挖野菜；母亲不想跑步，他就用礼物鼓励；等等。

2019年5月，在儿子的帮助下，192斤的母亲成功瘦身近90斤。此次减肥成功，让母亲欣喜不已，她宽慰地说："儿子，妈妈特别喜欢现在的生活，真的谢谢你，你为妈妈付出了很多。"

石磊看着动情的母亲，也发自肺腑地说："小时候我们相依为命，其实是我依靠你。现在我长大了，该你依靠我了。"

如果说合理饮食和运动是肥胖的天敌，那儿子的爱与陪伴就是母亲战胜天敌的信心来源。而对石磊来说，陪母亲减肥是一场反哺，母亲养他长大，他陪母亲变得更健康。

7.4.3　孝是真心付出

孔子说孝要以尊敬为本，以顺从为纲，以悦亲为主。通过自立自强让老人放心，做到和悦孝顺使老人欢心，及时排忧解难令老人安心。

孝是宽容，宽容老人的糊涂，宽容老人的唠叨，宽容老人的小心眼；孝是报恩，是母亲节送给妈妈的一个拥抱，是生日时送给父亲的一句问候，是双亲久病床前的侍奉喂药；孝是尽心，是耐心地听老人说话，耐心地和老人说话，耐心地向老人把话说明白；孝是真情，要常回家看看，给父母做一顿可口的饭菜，帮老人洗洗筷子刷刷碗，送给老人一个安详的晚年。

孝行是每个人都必须面对的人生课题。民间有这样的谚语："我若嫌弃老，老来谁又慈？今日嫌弃者，必是明日我。孝乃天地事，岂可怠慢时！"孝不能坐而论道，说空话，耍花架子；孝要有行动，有过程，有结果。孝要实实在在，事无巨细，从小做起，无悔无怨，真心付出。

7.5　巨婴之孝：自食其力，不再啃老

7.5.1　巨婴啃老，理直气壮

说起巨婴这个词，想必很多人都不陌生，指的是明明已经成年，心理上却没有断奶，只知道索取，认为父母的付出理所应当。这些人不知道何为感恩，极度自私，总觉得别人都欠他的，事事都依赖别人。

巨婴无论实际年龄多大，他的思想水平、独立能力却依然停留在婴儿时期，需要什么了，就像婴儿一样，第一时间向父母讨要，父母满足他的要求他认为是理所应当，不满足他的要求他就愤怒、攻击父母。这种行为像极了婴儿饿了吃不到奶，就用大声哭来抗议。

7.5.2 离开父母无法生存

聊起"巨婴"，很多人口诛笔伐，说妈宝男怎么怎么过分，巨婴怎么怎么难相处，却忘了想一想，是谁一手造就了这个巨婴。

答案让人无奈，因为是他们最亲密最亲近最信赖的人造就了他们。

巨婴的养成与百依百顺、事事包办的环境有很大关系，在这种环境中成长的孩子，先是丧失独立意识，接着是丧失独立能力，最后是成为没有独立思想和独立劳动能力的巨婴。

随着巨婴年龄的增长，他们会变成懒惰成性、贪得无厌、自私狂暴的人。一旦父母无法满足他们的欲望时，他们就会迁怒父母，轻则打骂父母，重则杀害至亲，以达到抢夺父母钱财满足自己私利的目的。

巨婴通常有两个表现：一是理直气壮地啃老；二是缺乏家庭责任感，遇到问题就甩锅，不孝顺父母。

有巨婴的家庭是双重悲剧：一是父母因子女的不孝而老无所依；二是子女因为什么也不会而成为社会的寄生虫，浑浑噩噩、凄凄惨惨过一生。

俗话说，可怜之人必有可恨之处。与其说巨婴和巨婴的父母可怜，不如说他们可恨。因为每一个被养废的孩子背后，都站着一对过度溺爱孩子、不愿放手的父母。

7.5.3　自救从自食其力开始

巨婴要想自救，必须从接纳自己、战胜自己做起。先不要着急，不要谴责自己，要慢慢认识自己存在的问题，找出解决问题的方法，并从中获得成长，用心感受世界，要发现这个世界不是以你为中心的。

武宁自小生长在富足的家庭，父亲是做房地产生意的，是个说一不二、财大气粗的成功男人；母亲是温柔贤淑的家庭主妇，每天的任务就是无微不至地照顾武宁的衣食住行。

从小学到高中，都是母亲开着小车接送他上学，他上了大学，母亲便带着保姆在他学校附近租了房子陪读。大学毕业后，他的同学为了工作四处奔波，他却被父母接回家，过着不用上班也能饭来张口衣来伸手的生活。

武宁在经历了少年时代的懦弱怕事、被人欺负不敢还手，大学时有了喜欢的女孩不敢表白、想独自去旅行都不被允许后，他突然觉得自己再这样下去，整个人就废了。

于是，他给父母留下一张纸条后，到几千里之外的城市打工了。当然，他没有告诉父母自己打工的城市。

做第一份工作时，因为没有经验他被领导骂、被同事嘲笑，他在夜里偷偷哭，哭完继续熬夜加班工作，并用业余时间学习提升自己。

拿到第一个月工资时他哭得像个孩子，但是他知道这是高兴的泪水。一连三个月，他的工资除了房租和吃饭所剩无几，活得很狼狈。他曾一度绝望到连着一周失眠，以为自己得了抑郁症，后来他用攒了好几个月的工资为父母买了礼物寄回去，心里油然而生一种坦然和喜悦。他这才明白自己不是抑郁，是自我救赎的成功。

经过长达半年的自我疗愈，他变得自信又阳光，因为他工作踏实负责，获得了心仪女同事的芳心；因为业绩突出，他升职又加薪。

一年后，当他用自己挣的钱买的车带着准女朋友回家时，母亲喜极而泣的泪水，父亲骄傲欣赏的眼神，让他真正感觉到自己长大了。

现在的他，既有娇妻陪伴，又事业有成，每年节假日都带着一家人去旅游。

成年巨婴要成熟，要先在精神上树立自己独立面对一切的自信；然后学会独立决断，并且为自己做出的决定承担后果。正如周国平所说："真正的成熟，应当是独特个性的形成，真实自我的发现，精神上的结果和丰收。"

7.5.4　隐形巨婴

一个人是否成熟，体现在独立方面，这也是孝的表现。孟子说："惰其四肢，不顾父母之养，一不孝也。"这句话的意思是说，四肢懒惰，不懂得赡养父母，是第一种不孝。好吃懒做，也是今天的巨婴的表现。

如今，很多年轻人被电子产品绑架。科技带来便捷的同时，也让人变得越来越懒惰。懒惰会让人逃避问题，并且满口谎言，久而久之，会让一个人充满负能量。很多人知道自己应该独立，但到了二三十岁还要靠父母养着，这就是典型的巨婴。这种人会一直依靠父母，而不懂得孝敬父母。

还有一些年轻人，虽然把父母接到了身边，但父母却是免费的保姆，退休金倒贴给他们，家中的各种生活开支都由父母出，小夫妻自己挣钱自己花，不够了还伸手跟父母要。

还有的小夫妻，生个孩子甩给在老家的父母，既不尽养育孩子的义务，也不出抚养孩子的费用，在城里过着轻松自在的二人生活。这些人就是"隐形的巨婴"，他们表面上自食其力，但实际上还是在依赖父母，没有做到真正的独立。

第8章

孝道新课题：如何孝敬失智父母

8.1　如何孝敬失智父母

8.1.1　初识阿尔茨海默病

央视曾经拍过一个有关阿尔茨海默病的公益广告：

一位患有阿尔茨海默病的老人，孤独地坐在家里，儿子忘带钥匙，让他开门，他问："你是谁呀？"

儿子说："我是你儿子呀，我没带钥匙。"

老人摇了摇头，说："我不认识你。"

有一次，儿子带他出去吃饭，盘子里还有两个饺子，老人突然用手捏起来，放进自己的口袋里。

儿子觉得很窘迫，忍不住嗔怪："爸，您这是干吗呀？"

老人说："这是给我儿子留的，我儿子爱吃。"

他忘记了很多，认不出照片上的自己，认不出自己的儿子，记不得回家的路，会突然忘记自己在做什么；但是，他一直记得儿子最爱吃饺子。

第一次看到这个短片时，我泪如雨下，并且能切身体会到父母得这个病后，做儿女的那种痛彻心扉的绝望。

那个曾经无条件爱你，无私地帮助你，一看到你就喜上眉梢的最疼你的人，如今却不认识你了。即便你站在他面前，他嘴里还喊着你的名字，却视你如陌生人……

他们并不是总这样，他们时而清醒，时而糊涂；时而作闹，时而听话；时而善解人意，时而蛮不讲理……在发展到谁也不认识的状态之前，没有亲身陪伴过患有阿尔茨海默病患者的人，永远也不知道那是什么样的炼狱。

8.1.2　原因不明的阿尔茨海默病

近年来患阿尔茨海默病的人数逐渐增多，超过80岁的人，有接近50%的概率会患上阿尔茨海默病。

阿尔茨海默病能使一个理智的成人逐渐衰退成一个婴孩，患者记忆力、理解力、判断力会日渐下降，语言表达出现困难，曾经温柔、正直的人，会变得抑郁、冷漠，甚至出现幻觉，大多数人会因肺部感染和泌尿系统感染以及褥疮等并发症走向死亡。

阿尔茨海默病是以其发现者德国医生阿洛伊斯·阿尔茨海默博士的名字命名的疾病。我对这一疾病的了解，是从2018年朋友送给我的一本书《阿尔茨海默病离你有多远》开始的。

这本书的序言中说："首先，人们对阿尔茨海默病的发病原因至今还没有一个明确的认识，一切措施都是在向着一个最有可能的方向努力；其次，发病率高，尤其在中国这样一个人口多、社会老龄化越来越突出的国家，患者的绝对数堪称世界之最；再次，早期发现的比率极低，丧失了很多干预的机会。"

这本书从阿尔茨海默病的基本特征说起，从类型、症状、危险因素、早期发现的方法技术、干预训练技术、治疗措施、家庭呵护、社会关爱等各方面，对阿尔茨海默病进行了较全面的阐述；同时也在试图说明，得了阿尔茨海默病不可怕，可怕的是糊里糊涂地得，得了之后不知道如何应对。

透过这本关于阿尔茨海默病的专著，我了解到我们只看到了阿尔茨海默病的相关症状，但不了解发病原因。症状是什么？这就好比我们看到了苍蝇乱飞的现象。原因是什么？因为有一堆垃圾在那里。阿尔茨海默病的发病原因不明，也就是说，到目前为止人类还没有找到引来苍蝇的那堆垃圾。其结果就是：一人得病，一群人"受病"，弄得家不像家，亲不像亲。

8.1.3　蓄满自己爱的河流

我非常感恩我学习了心理学，让我有机会接触各类和各个年龄段的人群。从年龄的角度说，小到没有出生的孩子——妈妈怀着孕的时候就来做咨询，大到百岁老人，透过他们不同的生命形式和生命状态，丰富了我的人生体验，让我能够更清晰地看到生命的本源和生命运行轨迹呈现出来的规律。在陪伴他们的过程中，我们携手解决困扰他们的问题，感受生命的伟大和神奇。而我感受最深的是，很多人被自己的限制性观念囚禁一生而不自知。

我接触了一些老年人，他们不愁吃、不愁喝，就是心里不快乐。在物质极大丰富的今天，他们生活得非常痛苦。

一个93岁的老爷子，有6个儿女，除了小女儿家，他谁家也不去，但在小女儿家也没有消停的时候。用他儿女的话说，吃饱了喝足了就开始作。外出遛弯的时候，有人对他不礼貌了，他回到家就连摔东西带骂人。电视声音小了，他说女儿嫌弃他，不想让他看电视；电视声音大了他说想把他耳朵震聋。有一天，女儿说话他没听清，女儿重复时就提高了音量，结果老爷子非常生气，冲着女儿说："你这么大声跟我喊，不就是嫌弃我吗？得，我死还不行吗？"说着就冲到窗户前要跳楼。女儿跑过去死死地抱住他，连哭带哄地总算把他劝下来。

跳楼未遂事件发生后，小女儿的丈夫倒没说什么，可是其弟弟妹妹们不干了。因为小女儿的丈夫是一名厅级干部，弟弟妹妹说，不管什么原因，你岳父如果从你家跳楼了，你如何面对社会舆论？

可是，老爷子在其他儿女家住不了，就小女儿一家脾气好，用他的话说，"还能对付着住"，所以只能住在这儿。

老爷子的其他儿女是不孝吗？不是，他们给东西拿钱都毫不吝啬，而老爷子吃的喝的应有尽有，却非要闹得鸡犬不宁，常常让儿女们不知所措。用他们的话说，"我们真不知道该怎么孝敬他老人家"。

这样的老人并不少见，我的婆婆就是其中一个。她是从八十多岁开始闹的。在我学习孝道文化之前，我一直从心理学的视角来看待她的问题。

从心理学的角度看，无论是那位老爷子还是我婆婆，童年时期都严重缺爱。他们自己也不知道怎么回事，就是用闹的方式在索取爱，希望不管他们怎么作怎么闹，儿女都得完全接纳他们，包容他们，无条件地爱他们。

按说，既然知道他们缺爱，儿女们给他们补爱不就行了吗？问题是儿女补爱得有爱。儿女是被严重缺爱的父母养育长大的，父母爱的河流是干涸的，儿女爱的河流比父母爱的河流干涸得还严重。父母跟你要你没有的东西，就像孩子跟你要天上的星星一样，你怎么办？这就又回到了我们前面讲的，表面上是孝的问题，其实是"缺爱综合征"导致的。很多儿女面对能作的老人时会说，不是我不孝，是我做不到。我从心理学的角度探索其原因，并用相关的技术进行调整，应该说也有些效果。轰走了苍蝇、打死了蟑螂，也赶跑了老鼠，但那堆垃圾呢？

父母年事已高，我们不能要求他们去改变，但我们可以改变啊。怎么改变？缺什么就补什么，缺爱就补爱吧！好好地爱自己，狠狠地爱自己，猛猛地爱自己，快快地爱自己，先把自己爱的杯子斟满，你才有爱别人的能力和资本，否则，你没有办法做到真正的孝。

8.2 孝的实践：用爱唤醒遗忘的岁月

8.2.1 爱的牵挂

婆婆今年90岁了，5岁时亲妈去世，父亲给她找了个后妈。后妈生了两个女儿，在婆婆10岁的时候，后妈也去世了。在她14岁的时候，第二个后妈又上任了。用婆婆的话说，这两个后妈一个比一个厉害。他们兄弟姐妹受尽了虐待，而唯独她敢跟后妈对着干。

为了摆脱后妈的虐待，婆婆早早地参加了工作。工作后她处处要强，谁要惹着她，她就拿出拼命的架势跟人家干，所以没有人敢惹她。她说："我从小受后妈的气，现在长大了，我谁的气也不受了。"

婆婆对待工作非常认真，不会骑自行车、靠步行上班的她，从来没有迟到过。她工作能力很强，工作也卓有成就。可是她的人际关系不好，尤其是跟领导的关系不好。别人不敢说的话她敢说，为了所谓的公道，可以拍着桌子、指着领导的鼻子讲道理。

婆婆的身体非常好，她退休后，特别是老伴去世后，她独自生活了一段时间。但随着年龄的增长，儿女不放心80多岁的她自己独住，先是女儿陪伴她，后来是轮流到四个儿女家住。可是她在跟儿女相处的过程中，总感觉儿女对她不好；去儿子家小住的时候也说儿媳妇对她不好，她吃不饱，儿子和儿媳妇背着她吃好东西不给她吃。在儿子家，不让她干活，她说把她当成了废物；让她干活她又说把她当成了保姆！

后来就更加严重了。她说儿媳、女儿都偷她的东西，儿子也偷她的东西，并指着儿子和儿媳破口大骂，甚至上手去打。当时我们都不知道这就是阿尔茨海默病，向医院大夫咨询，大夫也说没有什么好办法。因为跟儿女没有办法相处，婆婆自己提出去养老院，结果，不到一个月就跟同寝室的室友大打出手，于是又从养老院回到家里。后来，又换了一家养老院，这家养老院的领导对她特别关照，还派专人昼夜陪伴照顾她，结果，她去了一个月，换了四个照顾她的人，用婆婆的话说，这四个人没一个好东西，个个都偷东西，都虐待她。其实，这个养老院从领导到工作人员对婆婆的照顾真的是无微不至，但婆婆很少能感知到。

婆婆为什么会这样？当时，我从心理学的角度分析，觉得这与她小时候的成长经历有关。她心里一直住着个后妈，她一直在自我折磨。别人对她再好，她也感受不到，只能感受到对方对她不怀好意，她每天都处在应战的状态，把所有的人都当成了她的后妈。在心理学中，这既是投射，也是泛化。

婆婆年事已高，自己住不了，跟别人又难以相处，她自己非常痛苦，儿女也非常痛苦。只有身在其中的人，才能够真真切切地体会到那种"远离你我心有牵挂，走近你我又怕扎"的矛盾心理，无助无奈啃噬儿女的心，但永远不变的是爱的牵挂。

8.2.2 爱的陪伴

婆婆在养老院先后换了十几个照顾她的人，她有时晚上不睡觉，让照顾她的人帮她找东西；有时半夜出来挨个房间敲门，要找领导汇报情况……婆婆在那里勉强住了一年。2018年春天，婆婆又回到了家中。婆婆这种情况，雇了保姆，不是保姆照看她，而是她无时无刻地看着保姆——因为她怕人家偷她的东西。所以，只能由四个儿女轮流照顾。

婆婆刚回家时，由我照顾。她身体非常好，每天都要去公园散步。我家跟公园挨着，下了楼不足百米就是公园和超市。婆婆在这里住了十几年了，可是现在出去后连家都找不到。婆婆晚上不睡觉，总是翻箱倒柜找东西，有时候还骂人。

我开始想办法，心理疏导、读经、催眠、绘画、唱歌——我会的那点"武艺"和能想到的方法全用上了。丈夫也有他的绝活：只要他回来就带着老妈读"忏悔三昧"和身心健康祈祷文，并录好音，让老妈反复听。

　　婆婆之所以总找东西，是因为缺少安全感。所以婆婆一找东西，我就跟她说："妈，你跟我一起说，家是安全的，我是安全的，我所有的东西都是安全的。"婆婆很配合，我说一句，她跟着说一句，就像小孩子学习背诵诗歌一样，一遍又一遍，一说就是十几分钟。之后，婆婆就会安静下来。后来我也像丈夫一样录好音，我做饭或做家务时就让婆婆听录音，听完"家是安全的"，就听"忏悔三昧"和身心健康祈祷文。有两三个月，婆婆虽然还是找东西，但次数少了很多。

　　与此同时，我鼓励婆婆自己去公园、自己回家。每次去公园之前，我都让婆婆站在门口，反复地问她：你家是几栋啊？几单元啊？几楼啊？最开始要重复六七遍才让她出去，可是她回来时还是经常走错单元、走错楼层、敲错门，给左邻右舍添了不少麻烦，有时邻居会帮忙把她送回家。可是我仍然坚持锻炼婆婆，让她自己回家。

　　为了尽快改善婆婆的记忆力，我每天早上带着她读《道德经》，并给她录音，让她反复听，没想到两个多月下来，婆婆竟然能够背诵《道德经》第一章了。婆婆的记忆渐渐恢复了，能够自己去公园、自己回家。再后来，她说："给我一把钥匙吧！"回家时她能自己开门了。

　　有一天，让我感到特别惊喜的是，婆婆比往常回来得晚，但高兴地跟我说："海运家园的一个老太太找不到家了，我把那个老太太送回去了。"我高兴地拥抱婆婆，说："妈，您太厉害了！"

　　没想到婆婆拉着我的手哽咽地说："云啊，我真的好感谢你啊。

你救了我一命啊！要不然我真的就是一个疯子、一个傻子了。我现在的大脑越来越清醒了，记忆力也越来越好了，这都是你引导的。你教我唱歌，又教我画画，还教我念经，那么有耐心。你真的是太善良了，对我是真心的好。谢谢你……"

婆婆还聊到她小儿子对她那么有耐心，给她录了那么多东西，她听那些东西的时候也是在疗愈。她现在记忆力比原来好了很多，也相信以后会越来越好，她真的是对自己有信心了。我也非常开心，我们娘俩抱在一起，流下了开心的眼泪。

书上说患阿尔茨海默病的人会呈现痴呆综合征，且渐进式地丧失记忆。而我在跟婆婆相处的过程中发现，她的记忆力不是单向发展的，而是双向发展的；可以向好的方向发展，也可以向坏的方向发展。也许婆婆不可能痊愈，现在还是清醒两天、糊涂一天，还是时常作闹，但是，我们儿女能够做的是用爱去陪伴她，尽最大的努力延缓她智力衰退的速度。

8.2.3 爱的回忆

婆婆年轻的时候特别上进，我在国家卫生部为她颁发荣誉证书时的事迹材料中看这样一段文字：

她下班后先去夜校上课，然后才回家。那时，她已经是一个孩子的母亲了。上夜校的第一天，当她迈着匆匆的脚步往家奔，快到家时，看见3岁的儿子正站在家门口等她。孩子看到妈妈，一下子扑到她的怀里，委屈地说："别的孩子的妈妈都回来了，你怎么才回来啊？妈妈，我饿了……"她因没有尽到母亲的职责而内疚：真对不起孩子啊！但这并没有动摇她学习的信心。

1956年，她报考了内蒙古医学院。当时她正有孕在身，她不肯放弃这次考试机会。没想到，考试日期竟然是她的预产期，而且要坐火车到60里以外的城市去考试。同事们劝阻她，丈夫也不同意她去考试，可她却拿定了主意：考！她准备好接生用具，消毒后交给一同去参加考试的妇产科陈大夫，说："我要是在火车上分娩，你就在火车上给我接生；我要是在旅馆分娩，你就在旅馆给我接生。拜托了！"陈大夫非常感动，说："放心吧，有我在你身边，一切都不是问题。"

考试进行得很顺利，考完的第二天，她生下了一个可爱的女婴。她高兴地抱着孩子说："这孩子真懂妈妈的心意啊！你晚出生一天，对妈妈是多么大的支持啊！"

……

婆婆当年如愿以偿考上了医学院，但在家庭和孩子、学业和事业的抉择中，她最后选择了家庭和孩子。

婆婆好学上进的精神一直没有变。后来孩子大了，她又多次外出学习进修，多年来一直保持着读书、写日记的好习惯。

我结婚后，已经退休的婆婆鼓励我继续学习，并对我说："专科哪行啊？你续考本科吧。我帮你照顾孩子，学费我给你出，家里的事不用你操心，你把主要精力用在工作和学习上就行。"我的本科学历就这样在婆婆的鼓励和支持下考取了。

公公婆婆都对我非常好。我手笨，不会织毛衣，我们一家三口的毛衣、毛裤都是婆婆织的；孩子上下学，都是公公接送；做点好吃的饭菜，公公总是第一时间通知我们回家改善生活。在我丈夫的四个兄弟姐妹中，我们是跟公婆在一起生活时间最长的。我跟婆婆在一起相处的时间，比跟我母亲在一起的时间都要长。这么多年来，我跟婆婆之间的情感，没有血缘关系却胜似血缘关系。

要想照顾好婆婆，就得了解她的个性和爱好，投其所好，才能够尽好孝道。因为婆婆爱学习，所以我在照顾她的过程中带着她到处学习；我自己也开设课程，婆婆总是最好的学员，一节课也不落，而且不作不闹。

8.3　孝行路上点点滴滴

8.3.1　在觉察中省思

一次，我告诉婆婆要带她去北戴河党校听国学讲座，让她晚上好好睡觉。婆婆非常高兴，问了很多遍什么时候去学习，带她去不？一夜也没怎么睡，一会儿出来问一遍。我真有点后悔，不应该提前告诉她。

第二天早上，我开车带婆婆准时出发，尽管婆婆一夜没怎么睡觉，可是她非常高兴。到了党校，我跟婆婆在党校大门前照了一张合影，婆婆脸上挂着发自内心的微笑。

上课时婆婆很认真，还对我说，忘带笔和本了，做不了笔记。中午吃完饭，我们两个本想在党校附近的宾馆开一个钟点房间休息一下，却因为价钱太贵没舍得，只在车上休息了一个小时。

下午接着听课。3点多的时候，婆婆可能是累了，开始找东西，说带了两个包，有一个包儿不见了；然后又找衣服，闹得周围的学员都没有办法听课。在这种情况下，我只好把她带回家，往回走时，我有些不开心。婆婆在车上仍然找包找衣服，说她拿了三个包，两个包都丢了，衣服也丢了，让我给她找。到家后，她继续找包、找衣服，说她带了两件衣服。

我说："您明明拿了一个包，非得说拿了三个；您就穿了一件衣服，又不是出差，根本没带别的衣服，您还是到处找。本来带着您听课是一件高兴的事儿，您也愿意听课，可是您这样一闹我们连课都没有听完就回来了。"婆婆感受到我不高兴的情绪，就闹得更厉害了，说："你嫌我累赘，以后就不用带我去了。"

晚上睡觉前虽然我陪她做了祈祷，可是她的状态仍然不好，明显没有安全感。而我当时也没有心情对她进一步安抚，结果婆婆一会儿出来一趟，一会儿出来一趟，几乎没怎么睡。我也没有睡，我一直在想：到底是怎么了？婆婆为什么会闹得这么厉害呀？她累了的时候，或者心里不痛快的时候就会找东西。而我说话的语气不好，加重了她的不安全感。想到这儿的时候，我心里很愧疚。

早上起来我带着婆婆做功课，我们一起说"对不起，请原谅，谢谢你，我爱你"的时候，我流下了眼泪，感觉对不起婆婆。

我对婆婆说："妈，昨天我对您态度不好，所以您才折腾的。对不起，我错了。"而婆婆早忘了，惊讶地说："昨天怎么了？"

我也不想强化她不愉快的记忆，就说："我们都开心点好吗？"

婆婆说："好！"

8.3.2 帮老人改过

有一次，我外出讲课，就让大姑姐和姐夫来照顾婆婆。我讲课回来，带着一身疲倦，晚上10点多就睡了。

婆婆半夜12点起来出去了，大姐发现后赶紧叫醒我，让我去找。我立即下楼，却不见婆婆的踪影。我想她可能去大哥家了，到大哥家楼前一看，果然在那里。我问她要去哪儿，她说要回家，找她自己的房子。劝了好一会儿，婆婆才同意跟我回家。我把她带回家时，已经12点40分。这件事惊出我一身冷汗，要不是大姐在这儿，婆婆半夜走失了怎么办？从那时起，婆婆回到家里我就要从里面把门反锁上。

婆婆回来后仍然不睡觉，说她女儿和女婿偷她的东西，让他们赶紧走，不能再住这里。我想通过疏导的方式让她尽快入睡，我让婆婆说"家是安全的"，可是婆婆不说，也不听，根本没有睡意，非得要说道说道。我说好："那您就说吧，我听着。"

婆婆说了一会儿，声音越来越小，她说心里堵得慌。我说："您背一背您姥爷当年背诵的经文，气就顺了。"婆婆便开始背诵经文，她连续背诵了三遍，我让她再去感受一下身体的感觉。婆婆说："平静多了。"我又给她做了催眠，婆婆完全安静下来。我又让她跟我说"家是安全的"，婆婆这时跟我一起说了。之后我又给她播放"家是安全的"录音，反复播放了两遍，婆婆才慢慢地入睡。而我却不能入睡，在客厅里静坐，不知道几点在沙发上睡着了。

早上5点多婆婆起床了，我虽然很困，还是起来陪着婆婆做早课。

做完早课，婆婆想让我陪她去公园，我反复劝说她一定要自信、自立，她才自己出去了。

下午大姑姐和姐夫回天津，婆婆有些担心，怕我也走了没人管她，跟我聊了一下午。我反复跟她说我不会走，会照顾她，她才安静下来。我看她此时很清醒，就跟她说她骂人、赖大姐偷东西的事，她不承认，问得紧了她就说不记得了。

我说："一个人犯了错敢于承认，是可以被原谅的；如果愿意改正，那是非常令人尊敬的。如果一个人犯了错自己不承认，你会尊重这样的人吗？"婆婆把头低下了，承认自己脾气不好，爱说狠话；同时表示愿意改变，愿意做一个充满正能量的老太太。

我非常高兴，也向婆婆做了检讨，说自己脾气也不好，也愿意改正。我们要互相帮助对方改正自己的缺点，从此刻开始，不发脾气，只说正能量的话，并拉钩约定。

为了彼此提醒监督，我和婆婆决定去买两个哨子，给说负能量话的人吹哨子。婆婆是一个雷厉风行的人，说干就干，我们立即去超市买哨子。超市只有卡通哨子，一种小猴子的形状，一种小兔子的形状，婆婆喜欢粉色的小兔子，我要了红色的小猴子。回到家里，我和婆婆又细化了一些规则。比如，婆婆找东西时如果赖别人偷了，我就吹哨，不管什么原因，她都得立即停止抱怨。如果我说消极的话或态度不好，婆婆也给我吹哨，我也得立即改正。

晚上吃完饭，婆婆还是缠着我陪她去公园。为了锻炼她的独立能力，我说服她让她自己去。婆婆无奈，出去半小时就回来了。回来就开始抱怨，说鞋丢了。我开始带着她做祈祷，她不专注，一会儿抱怨，一会儿又说谁偷了她东西，近两个小时的时间，我跟她一起做了20多分钟的祈祷，之后她听了我给她写的祈祷词，又背诵了经文。这期间我给她吹了20多次哨。婆婆还是很遵守原则的，我一吹哨，她就停止抱怨。

在她泡脚的时候，我"警告"她："妈，如果明天晚上我再吹20多次哨子的话，我就不跟您玩这个游戏了，太累了。"尽管如此，这一通折腾还是起作用的。晚上9点多睡觉前，我给她倒好水，放好尿盆，她开始睡觉，而我回到自己房间开始整理资料。结果她一会儿出来一趟，一会儿出来一趟，找这个找那个。我知道她还是恐惧，就到她卧室，反复跟她说"家是安全的，我不走，我照顾你"，让她放心。慢慢地，她安心地入睡了。

我发现，婆婆缺少安全感，家里来人或走人时，她都焦虑不安，她害怕时就折腾得厉害。只有用爱和耐心陪伴她，她才能够安心，能够好转。

8.3.3　心理疏导好用也有效

婆婆盼着小儿子回来——我的丈夫、她的小儿子，周末回来了，她开心极了。我们想带着婆婆去浴池洗澡，在准备换洗的衣服时，婆婆十几条内裤一条也找不到了。我和丈夫一起帮她找也没有找到。那么多的内裤，不知道她藏到哪儿去了，我只好把我没有穿过的新内裤给她带上。

出门前丈夫把自己的手表放在了餐桌上，然后让婆婆也摘下手表放到餐桌上，同时指着那两块手表对婆婆说："我俩的手表放在一起了，都放在餐桌上了。"他让婆婆指着两块手表反复说了三遍，婆婆说记住了。丈夫说，这是"手指口述"的方法。

出门的时候，我们让婆婆锁门，然后仍然用"手指口述"的方法教婆婆说"门是我锁的"，说了三遍，我们才下了楼。

到了洗浴中心，婆婆虽然也问了几次她的手表放在哪里了，但与以往相比，问的次数少多了。我和丈夫都很高兴。洗澡时，我扶着婆婆站在花洒下，让婆婆一边冲洗一边想象着水把那些负能量、恐惧和不开心都冲走了，她的身体变得非常干净、通透。

婆婆非常配合，这样冲洗了十几分钟，她的心情和感觉都非常好。

丈夫洗澡快，已经到休息大厅等候我们了。我和婆婆到休息大厅时，丈夫又给我们讲述了如何用"手指口述"的方法加强记忆。

婆婆问我："你学会了吗？"

我笑着说："我学会了，您呢？"婆婆说："我还没记住，你以后每天都教我这么做，锻炼我的记忆力。"我说："好啊。"

我去开车，丈夫指着洗浴中心的牌匾，让婆婆用"手指口述"的方法反复说了好几遍："这是洗浴中心，我们三个人来洗澡啦。"回到家中，婆婆看到自己的手表在桌子上，她有了一些记忆，非常开心。

这时已经9点多，婆婆准备睡觉了。可是家里多了一个人，尽管这个人是她朝思暮想的小儿子，她还是有一点不习惯，晚上多次出来。我和丈夫一直等到她睡着了，听到她均匀的呼吸声，我们才关灯入睡，此时已经凌晨1点多了。

婆婆中间又起来一次，说有强盗要进屋，把椅子和凳子全都堆到门口，要堵住强盗。婆婆早上起来看到门口堆起来的椅子和凳子，生气地问我："干啥呀？你这是想把我困死在屋里，不让我出去了？"

我问她："妈，您现在是清醒的吗？"

婆婆说："我当然是清醒的。"

当反复确认婆婆是清醒的，我就把她半夜起来搬椅子堵门的事情跟她说了一遍。婆婆叹了口气说："我就害怕像我姑姑一样疯了呀！我跟你说，我姑姑年轻的时候就疯了，谁都不认，满大街乱跑，但她认得我，对我最好！有好吃的好喝的都给我留着，还到学校门口接我。唉，我真担心像我姑姑一样疯了……"说着说着，婆婆哭了起来。

关于这件事，婆婆已经不止一次跟我提起，我都没有太在意，而此刻我才意识到她姑姑的疯对她的影响有多大。我立即决定用心理学的方法对婆婆进行干预，让她跟她姑姑的"疯"做一个剥离和告别。同时，我用信念植入法让她反复说："我跟我爸爸有直接的血缘关系，我遗传了我爸爸的优点。我爸爸是东北大学毕业的。我爸爸多才多艺，为人和善，我更像我爸爸！"调整用了一个多小时，值得欣慰的是，自此之后，婆婆真的好多了。

8.3.4　支持老人的爱好

一天上午，我带着婆婆去市图书馆听讲座，婆婆因为晚上没有休息好，有点累，不怎么爱听，我们就回来了。我也感到很疲乏，中午就睡了一觉。婆婆本来也累了，可是一直在找东西。一点多我被婆婆骂人的声音吵醒了。我看到她情绪非常不好，烦躁不安，于是哄着她画曼陀罗画。花了两个多小时，婆婆的情绪稳定下来，也高兴起来，然后就去公园玩儿了。

吃完晚饭，婆婆去了大哥家，回来后跟我说："你哥要上老年大学了，乐器都买好了。我也想上老年大学。"我说："好啊，您想学什么啊？"婆婆说她想学唱歌，我说让我哥给您报名吧！于是，我就给大哥打电话。大哥说婆婆年龄太大了，老年大学不收。婆婆听了叹了一口气，说："这人年龄大了就成废物了，哪儿都不要了。"我说："您想唱歌那就在家唱吧，我在电脑上给您搜索老歌。"

这时大姑姐来电话了，我说："咱妈今天表现可好呢，还画了两幅画呢！"婆婆竟然把画画的事忘了，说："我什么时候画画了？"我拿出她下午画的画时，她竟然又说："这不是我画的，我哪会画画啊？"我当时很失落，大姑姐也叹气说："啥也记不住了，可咋办哪！"

放下电话，我带着婆婆唱歌。婆婆喜欢马玉涛的《马儿啊，你慢些走》，我就给婆婆一遍又一遍地播放这首歌。婆婆唱了将近一个小时，她很开心，我也非常高兴。

晚上8点半，我又带着婆婆做了半个多小时的祈祷，然后让她去睡觉。可是，婆婆还是折腾，一晚上出来20多趟。我干脆打开电脑边工作边等着婆婆入睡。婆婆一会儿出来一趟，叨叨咕咕地到客厅转一圈，就把Wi-Fi给关掉了；婆婆进屋后，我再打开Wi-Fi。这样10多个来回，我又去打开Wi-Fi时正好碰到又出来的婆婆，就跟婆婆说："妈，您不要关Wi-Fi，您关了之后我的电脑就上不了网了。"婆婆竟然指着我鼻子大骂："谁关的？我哪知道什么Wi-Fi？你怎么能赖我呢？你欺负一个80多岁的老人，你损不损？"

我无奈地说："妈，赖您什么啊，您都关了10来次了！"婆婆更生气了，指着我的鼻子咬牙切齿地说："是王八犊子关的。"一边往卧室走，还一边说："想赖我，没门儿！"看着她的样子，我一下子就笑了，说："好了好了，不是您关的，不是您关的！进屋睡觉吧！"直到凌晨两点多，婆婆才入睡，我睡觉时已经凌晨3点多了。

连着几天陪婆婆唱歌后，她唱得比原来好些了。她让我给降调，我说我不会降调啊。婆婆说，这儿也没有话筒啊。婆婆的话提醒了我。我对婆婆说："妈，歌厅有话筒，他们的工作人员会升降调，咱去歌厅唱去。"婆婆一听，非常高兴，说："好啊！"

说去就去，我俩立即行动，到歌厅办了一张卡。可婆婆又说，就咱俩唱没意思。我明白了，因为我不太会唱歌，婆婆也唱不太好，只是我们两个人唱，确实没什么意思，看来婆婆是想让更多的人来唱。我说："好吧，那您找您那些老朋友吧，您跟她们说，儿媳妇请大家到歌厅唱歌，还给大家买水果和干果，来的人越多越好！"

遗憾的是，婆婆记不起也认不清原来在一起唱歌的朋友了，而我原来不在这里住，对大家也不熟悉。加之婆婆这几年头脑有些不清楚，她跟别人说"儿媳妇请大家到歌厅唱歌"时，也没有人相信。婆婆回到家时非常沮丧。好在周末丈夫回来了，又约上大哥，我们四个人去歌厅唱了两个多小时，婆婆非常开心。

8.3.5　最大限度保护老人的自理能力

那天婆婆早晨5点半起床，我带着她去公园做操，做了一个多小时后回家吃早饭。回到家，她状态挺好的。她跟小儿子说："我现在兜里一分钱也没有。"因为婆婆记不住事，家人不让她带钱。丈夫和我商量，既然她现在的状态好些了，能记住事了，就给她一些钱，让她自己学着管理。我也觉得可以试试，丈夫就给了婆婆一千块钱，让她数了好几遍。我还给她准备了一个小袋子，把那一千块钱放在袋子里，让她把袋子放在抽屉里，并告诉她不要总找钱。

结果婆婆一上午一会儿说钱不是一千是八百，一会儿又说是一千。吃完午饭，婆婆没有午睡，一会儿把钱藏在这儿，一会儿把钱藏在那儿。下午两点的时候，我们准备带她去温泉堡，结果婆婆非常焦虑，说钱不见了，袋子也不见了。我和丈夫一起帮着找，找了好半天才找到。原来她把袋子藏在一个不常用的被子里，之后自己也忘了。

我准备给她带水的时候发现她的水杯也不见了，我和丈夫又一起找，卧室、客厅、厨房都没有，后来在卫生间找到了她的水杯，然而杯子盖又不见了。我们又是一通找，最后在她卧室的抽屉里找到了杯子盖。此时已经到了跟朋友约定的时间，我感觉丈夫已经有一些情绪了。

朋友一行早在那里等候我们了。我们参观了一个道观，那里有一个大水库，山清水秀，景色非常美。一直玩到5点多我们才返程。回来后我们又一起到饭店吃饭，晚上8点多才到家。

回家后，婆婆躺在沙发上休息了一会儿，说有点累了，就准备睡觉。可是，婆婆几乎一夜没有睡，凌晨3点多的时候起来了，到我们卧室找我，情绪非常低落地对我说："你把我送走吧，送到我家去，这个地方我不能待了，都是鬼，都是小偷，都欺负我，我那个装钱的袋子不见了。"

我到她卧室打开抽屉一看，装钱的小袋子还在，钱也在。我说："这不是在这儿吗？"婆婆说："这见鬼了，我找了一夜都没有找到，怎么你一找就有了呢？"然后又说她害怕。我和丈夫一左一右地安慰她，后来我让丈夫回卧室休息，我开始给她做调整，调整了一个多小时，婆婆的情绪才稳定下来，慢慢入睡了。我回到卧室时天已经放亮了。

婆婆平时5点多就起床，但那天早上6点多才起来，还是因为钱的事儿不安。我也赶紧起来，带着她做了一个多小时的早课。婆婆跟我说她不想管钱了，太痛苦了，让我把钱拿走。我就把钱拿到了我的卧室，然后准备早餐。

吃完早餐后，休息了半个多小时，婆婆又去公园了。可是不到半个小时，婆婆就跑回家来。我当时正在睡觉，婆婆和丈夫说话的声音把我吵醒了。

我问怎么回事。丈夫说："妈拉到裤子里了。"

婆婆跑进了厕所。我进去一看，厕所的座便上和坐垫上全是粪便，婆婆的内裤和衬裤上也都是粪便。我赶紧帮着婆婆把脏衣服全脱下来，然后给她清洗身体。清洗干净之后，我给她找出内裤、背心、衬裤换上。这时丈夫走进卫生间，清理了座便上的粪便，并把婆婆的脏衣服都泡在盆里清洗。我接过他手里的衣服开始给婆婆洗衣服。

已经换好衣服的婆婆也进了卫生间，她有些不好意思，跟着一起忙活。之后，她很无助地躺在沙发上发愣。

婆婆年轻的时候各方面能力都很强，退休后也是自己管理钱财，而现在不让她管理她很痛苦，让她管理她管理不了，更痛苦。一个人最痛苦的是无能为力。所以，最大限度地保护好父母的自理能力，才会让他们有价值感，他们才会开心、快乐。

8.3.6 别和老人较真

一次，我带着婆婆去北京学习，买的是卧铺票。因为头天晚上婆婆闹了一夜，我俩都困极了，上火车把婆婆安顿好，看到她睡着了，我也倒头就睡。我俩都是下铺，我在她的隔壁。

朦胧中我被嘈杂声惊醒，我爬起来一看，列车长、乘警和维修人员都围在婆婆的卧铺旁，并且对婆婆上下铺的其他五个人说："大家都别动，我们要了解一下情况。"然后列车长对婆婆说："老人家，您说说具体情况。"

这时婆婆开口了："我睡觉前手上戴着两个戒指，刚睡醒，发现两个戒指全没有了。你们这列车是怎么管理的，这也太不安全了。"

我一听，知道婆婆又"犯病"了。我立即跟列车长说："列车长同志，这件事我来负责。"列车长说："跟你没有关系，我们只了解这个包厢的人。"

我说："这是我婆婆，我是她儿媳妇。"说着我把我和婆婆的身份证拿给列车长看。列车长说："这个老人家找我们报了两次案了，问我们到底管不管，让我们帮助找戒指。"我说："这件事到此为止，我妈戒指的事我负责。给领导添麻烦了，给大家添麻烦了！"

列车长说："那她的戒指到底丢没丢啊？"

我说："她年龄大了，有可能放在哪里忘了，一会儿我帮她找找！丢没丢都跟大家没有关系啊！给领导添麻烦了，给大家添麻烦了！"

看到列车长和乘警走了，婆婆急眼了："你怎么让他们走了呢？我的戒指丢了。"

我开始帮婆婆翻口袋，找戒指。口袋翻了个底朝上，也没有看到戒指的影儿。

我说："妈，您是不是放在家里没戴来呀？"

婆婆说："我怎么没戴来？我记得真真的，睡觉之前我还看到手上戴着两个戒指，醒来之后就没有了。"

接着婆婆就骂了起来："这偷东西的人也不长眼睛，专拣软柿子捏，看我这80多岁的老太太好欺负啊？"

我和邻铺的人只能听着。

从北京学习回来，我外出办事，丈夫在家照看婆婆。婆婆又说起在列车上丢戒指的事，丈夫在婆婆的卧室床头柜里找到了那两个戒指，问她："是这两只吗？"婆婆说是。丈夫发信息告诉我，戒指找到了。

我回来后对婆婆说："您看是忘在家里了吧！还在列车上报警呢！让人家到哪里去找啊？"没想到婆婆说："我一共四个戒指，在列车上丢了两个。"

我和丈夫彼此对视，很无奈。

8.3.7　在困惑中学会理解

一天上午，我开车带婆婆去传统文化讲习堂，到了之后婆婆不下车，骂了半天才跟我进讲习堂。我和同事商量完开课的事情，中午在那里吃的饭。下午2点多回到家里，我感到身心俱疲，便对婆婆说："妈，我们都睡一会儿好吗？"婆婆也困了，说："好。"我们就都睡了。

3点多，突然一群人闯进我家，吓了我一跳。原来是婆婆把居委会的工作人员找到家里来了，说她的裤子丢了，让居委会的工作人员帮着找裤子。居委会的工作人员问她跟谁住在一起，她说有一个伙伴儿跟她一起住。居委会的人以为是合租房子的人欺负老太太，就跟着一起来了家里。

我联想到之前大姑姐照顾婆婆时，婆婆就找过居委会的人，说女儿不给她饭吃。现在她又把居委会的人带到家里，要到我房间找她的黑色外裤。我没让居委会的人进我的房间找裤子。

居委会的工作人员反复询问我的情况，他们不认识我。看他们半信半疑的样子，我打电话把住在这个小区的大哥叫来，说明了情况。

了解情况后，居委会的工作人员教导我们说："老太太年龄大了，离不开人，你们对老人要有耐心，要好好照顾她。"我和大哥只有洗耳恭听的份，不停地说好，好。居委会的人走了，我和大哥都非常生气，我说："老妈，您干吗动不动就去找居委会呀？"

婆婆更生气，说："我的裤子让你给藏起来了，我不找居委会，找谁呀？"

这时我突然发现，婆婆绒裤的裤腰部分露出了裤腰带，裤腰带上拴着钥匙，我一拽，看到了那条黑外裤——原来婆婆把黑色外裤穿在绒裤里面了。

我说："妈，您把这条绒裤脱了。"

婆婆不情愿地说："脱了干吗？"

我说："您脱下来看看。"

我帮婆婆把绒裤脱下来，黑色的外裤露了出来。

我说："妈，您看，您把这条黑外裤穿在里面了！您还找居委会的人帮您找裤子呢，在您身上穿着，到哪儿能找得到啊！"

婆婆一看，吃惊地说："这裤子怎么穿在我身上了？"但马上就否定，说："我要找的不是这条裤子，是另一条裤子。"接着就又开始翻箱倒柜地找。

我感到很困惑：如果说婆婆找不到戒指是阿尔茨海默病记忆减退或丧失的表现，为什么婆婆知道去报警？而且报了两次警！报警之后她还记得自己卧铺的位置！这记忆力不可谓不好啊！回到家里，她还记得在列车上丢戒指这件事！

同样，婆婆记不得自己的外裤穿在了里面，却知道而且能够找到居委会的工作人员帮助，还能把工作人员带到家中，自己用钥匙开门。

更让我困惑的是，她是有选择性地记忆，记她想记的，忘记她不想面对的。当她面对自己的错误时，立即就编出其他理由，以此来维持她是对的。

8.3.8　技能让老人活出价值感

我们开设的"家道实修"课程结束后，有一些学员跟老师交流学习感悟，其他学员陆续离开课堂。

婆婆和几个学员在办公室聊天，一个学员突然癫痫病发作，抽搐倒地不省人事。在场的人都慌了，而婆婆却非常清醒也非常智慧，她良好的职业素养派上了用场：她不让大家动，说送医院来不及了。接着，她一手掐住发病者的人中，一手给她把脉，等我们赶到时，发病的学员刚刚睁开眼睛，想说话却说不了，嘴歪眼斜的，抽搐得更厉害。婆婆仍然掐着她的人中，不让大家动。最后，那个学员慢慢地停止了抽搐，嘴和眼睛恢复了正常。

我们把她扶起来让她坐在椅子上，她流着口水仍说不了话。我们让她深呼吸，又过了两三分钟，她彻底恢复正常了。当时，在场的人都吓坏了，大家都说，多亏了这位老妈妈……

回到家后，我把这件事的经过发到了家族微信群里，家人都给婆婆点赞，夸奖她厉害，婆婆非常高兴。

8.3.9 重视老人的生日

农历九月初九，是中华民族的传统节日——重阳节。从1989年开始，我国把每年的农历九月初九定为老人节，传统与现代巧妙地结合，九月初九成为尊老、敬老、爱老、助老的节日。而这一天也恰好是我婆婆的生日。

在婆婆88岁生日前的一个月，我和丈夫与哥哥姐姐商议后，决定到敬老院给婆婆过生日，同时也给敬老院的老人过节。秦皇岛市婚姻家庭咨询师协会的领导得知这一情况后，亲自为我们联系了一所敬老院。敬老院的领导非常高兴，也非常支持，告诉我们什么都不用带，来过节就好。我们也在微信上向社会发出了"九九重阳敬双亲，'家道实修'尽孝心"的邀请函。丈夫为每一位老人都准备了特别的礼物——一枚有爱字图案的徽章和象征吉祥、幸福的蓝色哈达。

2018年农历九月初九，当我们来到敬老院时，敬老院的领导已经准备好了花生、瓜子、糖、苹果、香蕉等，还有两个大蛋糕。老人们陆续来到会议室，有的老人坐着轮椅在工作人员的悉心照顾下参加了活动，很让人感动。

敬老院的领导做了简短的讲话；我从调整心态的角度为老人们做了题为《以最美的心情，过最好的生活》的演讲；大姑姐为大家演唱了草原歌曲；丈夫演唱了《母亲》；婆婆高兴地走上台高唱《没有共产党就没有新中国》，全场的老人一起跟着唱起来；一曲唱罢，其中一位老人兴奋地走到台前和婆婆合唱了《感恩一切》，现场气氛十分热烈。

参加活动的60多名老人中，最大的99岁。过88岁生日的婆婆把第一块生日蛋糕给了这位年龄最长的老姐姐，接下来，大家开始分享生日蛋糕。

这时，特意从外地赶来的我们团队的老师及我的家人为每位老人献上哈达和爱字胸章，在送上"祝福您，我爱您！"的祝福和问候的同时，还给了每一位老人一个真诚的拥抱，许多老人都流下了感动和幸福的泪水。

回到家中，婆婆说："这是我80多年来，过得最有纪念意义的一个生日。"

8.3.10　让老人陪你工作

内蒙古家庭教育研究会要举办家庭教育高峰论坛，领导让我去做筹备工作。我问婆婆："您是跟大哥在家，还是跟我去呼和浩特出差？"婆婆听说我要去开会、学习，就要跟我去出差。经研究会领导同意后，我决定带着婆婆出差。

到了呼和浩特，我和婆婆住在宾馆。可能是换了环境的原因，婆婆晚上更不睡觉了。第一天就开始骂我："你损不损，晚上点鬼火啊？还让不让人睡觉啊？"

我说："妈，咱们不是把灯都关了吗？哪里亮啊？"

婆婆指着一个红点说："那不是吗？像鬼火一样！"

我一看，原来是空调的电源灯，就开灯给她看。

婆婆知道是空调的电源灯，就不害怕了。我把灯关掉，跟她一起背"准提咒"。婆婆的姥爷是个虔诚的佛教徒，她七八岁的时候就跟姥爷背会了"准提咒"，没想到她八十多岁了还记得。所以，她一心烦，我就让她背"准提咒"，慢慢地我也会背了。她睡不着的时候，我就陪她一起背，背一会儿，她就安静了，慢慢就睡着了。

我筹备工作会议时，婆婆会跟我一起去会场。我们开会，她要么旁听，要么自己去别的房间等我，表现挺好的，我真的好感谢她。

婆婆喜欢吃雪糕，每次开完会，在回宾馆的路上我都会到超市给婆婆买一块雪糕，一手拉着她，就像当年拉着自己的孩子一样。婆婆一边走一边吃，像个孩子一样高兴，走到宾馆雪糕也吃完了。

最后一次会议晚上10点多才结束。会议结束后，我看到婆婆在会议室的泡沫垫子上睡着了，刹那间，我的眼睛湿润了，内心涌现出的有内疚，也有心疼，更有感动。记得孩子小的时候，我加班，也出现过类似的情况。而此时，89岁的婆婆竟然像孩子一样依赖着我。当我把婆婆叫醒时，婆婆问："可以回家了？"我说："可以回家了。"婆婆高兴地起来跟我一起"回家"。

到了宾馆，婆婆表现得也非常好，洗漱一下就睡了。当婆婆睡熟之后，我蹑手蹑脚地拿着电脑躲进卫生间，打开电脑，用浴巾挡住卫生间门上的玻璃，然后开始工作。

8.4 家有一老如有一宝

8.4.1 闲不住的婆婆

婆婆爱学习，只要是开会或者听课，她都听得非常认真。我们在呼和浩特举办的家庭教育高峰论坛活动共三天，时间安排得非常紧凑，从早上9点到晚上9点，一些年轻人都觉得有些累，中午要小憩一会儿；可婆婆午餐和晚餐后不休息，三天的活动完整地跟了下来，而且不作不闹，回到宾馆还对哪个领导讲话有水平、哪个老师课讲得好评价几句。

此时的婆婆一点也不糊涂！这让我既高兴又惊讶，同时也引发了我的思考：一个人不管年龄多大，都希望自己的人生活得有价值有意义。婆婆年轻时是一位事业型女性，兢兢业业地工作了几十年，退休之后身体也非常好。儿女大了，她没事可做了，70多岁的时候，自己全程跟踪装修了房子。婆婆非常爱学习，哪里有健康知识讲座，不管多远她都去听，但听完课就买保健品。买得太多了，她就送给儿女。儿女告诫她，有些活动是欺骗老人的，不要参加，也不要买那些保健品了。可婆婆喜欢开会、聚会、学习的氛围。她说："大家在一起特别开心，花点钱就花点钱呗！"

儿女开始阻止她去参加所谓的健康知识讲座，鼓励她去参加老年人的歌唱团。婆婆跟老年朋友们一起唱歌也很开心，只是有时候去外地儿女家小住几个月，回来后就有点跟不上大家的节奏了。

随着年龄的增长，婆婆接触的人越来越少；特别是有儿女陪伴她时，家务活都不用她干，只让她"享清福"。渐渐地，婆婆饭不会做了，书不看了，笔记也不写了，连电视也不看了，不顺心就跟儿女闹一通。

80岁以后，她作闹的次数逐渐增加。刚开始作闹的时候，她的意识是清醒的，后来就半清醒、半糊涂，甚至开始说一些没影的事，出现了妄想的症状。有时把儿女说成是同事、保姆、小时候的玩伴，但绝大多数情况下还是认得儿女的。

儿女四处打听治疗的方法，给她买治疗神经衰弱的药物、健脑的保健品，可是，婆婆吃了效果甚微。当我们在对阿尔茨海默病有了了解后，便竭尽全力地想推迟婆婆的智力衰退。

8.4.2　收获了感恩

每天早上，我都跟婆婆一起做早操，一起祈祷，我们把这些称为做功课。在跟婆婆一起做操、祈祷时，我内心时时涌现出感动。

我没有厌烦她让我陪她做操、祈祷，反而很感谢她，因为她我才坚持每天做早操，因为她我才能够这样安静地与她一起祈祷。这些年来，我虽然知道锻炼身体和祈祷的重要性，但自己坚持得不够好。现在，表面上是我陪着婆婆做功课，其实何尝不是婆婆在陪着我做功课啊！表面上看是我在帮助婆婆，我在尽孝，其实是婆婆在帮助我，受益最大的是我呀！

当我有了这些想法后，我再次说"妈，谢谢您给我照顾您的机会！谢谢您给我修福积德的机会"时，不再是流于形式、客套，而是发自内心的感恩！

8.4.3　收获了包容

婆婆常常会出现妄想，有时在公园坐着好好的，突然就往家跑，回来后挨个房间找人，说小时候的玩伴来偷她的东西了。有天晚上睡觉前，婆婆又找她"今天做的两个一模一样的新小棉被"，到我的房间里到处翻，还说："你把我的小棉被藏到哪里了？给我吧，我晚上要盖。"

我当时想证明她错的念头升起来了，就对她说："您什么时间做的，我怎么没看见您做被子啊？"

婆婆说上午做的。我说："上午我们不是去上课了吗？"婆婆又说，那就是下午做的。我说："下午您不是在公园跟老太太们聊天了吗？"

婆婆一听就生气了："你管我什么时候做的，我做个小棉被还得请示你啊？就是我做的，就是我做的。"

其实，这期间我是有察觉的，头脑中闪过不该追问她的念头，应该任她找，任她闹，可是我没有做到。直到婆婆越闹越厉害，起誓、骂人，我才忍住，不再证明她错了，而是平静地告诉她，我没有看见她的小被子。

婆婆一边翻一边骂，我一声不吭地看着她翻。过了一会儿，可能是累了，婆婆说："行了，你喜欢就送给你用吧，但是你可别赖账。"然后就回她的卧室了。我跟到她的卧室，从她的立柜里拿出一个旧的小棉被给她盖到大被子上，婆婆看到小棉被后，不再说什么，安静了下来。

刚开始的时候，面对这样的事情，我总忍不住跟婆婆辩解，总想让她改变想法，慢慢地我选择接纳她，放下了想改变她的想法。

我们都知道宽容是人的优秀品质，但绝大多数人却做不到。为什么？因为宽容不是说出来的，而是做出来的。说一千遍，都不如亲自做一遍。孝道是实践的科学，只有做了，才可能做到；做到，才能得到；得到才能真正地拥有。从这个意义上说，父母都是我们优秀品质形成过程中的陪练，他们用我们不愿意接受的做法，磨炼和锻造我们的优秀品质。

我在照顾婆婆的过程中，真正地体会到了"包容父母，足以包容天下"的含义。我虽然还不能做到全然包容婆婆，但收获已经很大了，过去不能包容的事，现在能包容了；过去不能包容的人，现在也多了一份理解。这是我多少年来渴望拥有的品格，只有在照顾婆婆、包容婆婆的过程中才渐渐形成。所以，尽孝最大的受益者还是尽孝者本人。

第 9 章

重塑家文化：
以德育人，以文化人

家庭文化包括物质文化和精神文化。家庭在世代延续的过程中所形成的生活方式、价值观念、伦理道德、传统习惯等，直接影响着家庭成员在社会生活中的行为。积极的家庭文化理念也会给社会带来正面的影响。由于传统文化的断层，大多数家庭的文化已经缺失，需要重新构建。

　　家庭文化既有个性又有共性。我们从共性的角度探讨重构家庭文化，可以从四个方面去做（图9-1）。

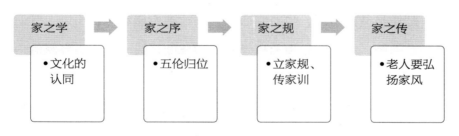

图9-1　重构家庭文化的四个方面

9.1 家之学：文化的认同

9.1.1 孝的传承

古时候，有钱有势人家的孩子才可以读书，读书既可以齐家，也可以入仕。现如今国家实行九年义务教育，绝大多数孩子都能上学，即使是贫困山区，也有爱心人士捐建的希望小学，所以上学已经不是问题。但学校教授的只是知识和技能，关于做人、齐家的内容并不多。

家庭需要文化，家庭文化是家庭成员共同认可的价值观、行为准则。就像交通没有规则就会出现交通秩序混乱、甚至发生交通事故一样，家庭如果没有共同认可的文化统一思想、规范行为，也会出现家庭秩序混乱。

家庭文化是每一个时代、每一个家庭不可或缺的，是一个家族、一个民族，乃至一个国家展开教育的航标，对我们国家及我们每一个人都起着潜移默化的作用。它涵盖了文化积淀、行为规范、道德素养、人际关系。

文化传承非常重要，中华优秀传统文化博大精深，凝聚着古圣先贤的智慧。作为家之学，首选《孝经》；崇人伦、尽孝道应该成为每个家庭的必修课。

《孝经》的含义是：教以孝道，为的是礼敬父母；教以悌道，为的是礼敬兄长；教以臣道，为的是礼敬君王。同时，侍奉父母能竭诚尽孝，则能将此竭诚之心用于尽忠君王；侍奉兄长能恭敬尊重，则能将此恭敬之心用于尊敬长辈及上级；治理家务时有条不紊，为官时则能把这种能力用来处理各种事务。所以，若能尽孝道，必能修身齐家，成就内在的美德。

我们唯有深刻理解孝的内涵之后，才会懂得如何尽孝，并从孝敬父母开始，慢慢培养自己的德行；进而用自己的所能回报社会，追求幸福美满的人生。同时，孝道文化在不忘传统的同时还要与时俱进，把古理今用与创新发展结合起来。

9.1.2 传统二十四孝与新二十四孝

"孝"是我国儒家伦理思想的核心，是千百年来中国社会维系家庭关系的道德准则，更是中华民族传统文化的精髓。

自古以来，我国十分注重孝道，正是因为如此，才留下了很多关于"孝"的故事。

元代郭居业编写的《二十四孝》，包括孝感动天、戏彩娱亲、鹿乳奉亲、百里负米、啮指痛心、芦衣顺母、亲尝汤药、拾葚异器、埋儿奉母、卖身葬父、刻木事亲、涌泉跃鲤、怀橘遗亲、扇枕温衾、行佣供母、闻雷泣墓、哭竹生笋、卧冰求鲤、扼虎救父、恣蚊饱血、尝粪忧心、乳姑不怠、涤亲溺器、弃官寻母等。二十四孝中的孝行是值得肯定和赞赏的，其孝的精神值得我们学习、继承和发扬。

不过，有一些故事中儿女行孝的行为有些极端，甚至违背常理，让人深感恐惧。

最为典型的是埋儿奉母、卧冰求鲤。郭巨用埋掉亲生儿子的举动行孝，虽然结局峰回路转，但此行为还是让人难以接受；卧冰求鲤中的王祥因继母患病想吃鲤鱼，即使继母平时对他不好，他仍不计前嫌，寒冬腊月赤身卧冰用体温融化坚冰以得到两条鲤鱼，这种行为不免有作秀的嫌疑。

他们这样做，其实是不孝，因为《孝经》中说："身体发肤，受之父母，不敢损伤。"

"孝"是一种发自内心的最为纯真的行为，是尽自己的能力，在自己安全的范围内对父母的孝。一个连自己的命都不在乎的人，一个为了父母搭上自己或是孩子命的人，就算父母侥幸活下来了，也会因为失去孩子或孙子而痛苦一生。

所以，对于传统的孝道，我们要去芜存菁。其中"愚孝"的成分与明显不科学、违反人性的地方，不应该盲目推崇，但其基本的道德核心却无疑是值得我们继承与发扬的。也就是说，我们要取其精华，去其糟粕。于是，便有了新二十四孝。

2012年8月13日，由全国妇联老龄工作协调办、全国老龄办、全国心系系列活动组委会共同发布了新版"二十四孝"行动标准。新二十四孝行动标准如下：

经常带着爱人、子女回家；节假日尽量与父母共度；为父母举办生日宴会；亲自给父母做饭；每周给父母打个电话；父母的零花钱不能少；为父母建立"关爱卡"；仔细聆听父母的往事；教父母学会上网；经常为父母拍照；对父母的爱要说出口；打开父母的心结；支持父母的业余爱好；支持单身父母再婚；定期带父母做体检；为父母购买合适的保险；常跟父母做交心的沟通；带父母一起出席重要的活动；带父母参观你工作的地方；带父母去旅行或故地重游；和父母一起锻炼身体；适当参与父母的活动；陪父母拜访他们的老朋友；陪父母看一场老电影。

新二十四孝富有文化内涵，既实用，又有可操作性，适用于现代子女对父母行孝。比如教父母学会上网，让他们像我们一样亲身体验网络的神奇，紧跟时代的脚步，和我们有更多的共同语言。

陪父母拜访他们的老朋友。随着父母年龄的增长，他们的交际圈却越来越小，能跟他们开心地聊上几句的，也只有他们的老朋友了。陪他们拜访一下老朋友，回味一下年轻的感觉，也能给他们带来快乐。

为父母举办生日宴会。从小到大，从来都是父母为我们过生日，我们很难想到让父母体验一下当主角、被宠爱的感觉。因此，为父母举办生日宴会，让他们知道他们也是被宠爱着的，是一件很必要的事。

带父母参观你工作的地方。父母会很关心自己辛苦养育二十多年的儿女究竟是在什么样的环境下工作，带他们去亲眼看一看，让他们放心。

经常带着爱人和子女回家。人的年纪越大就越容易寂寞，带着爱人和孩子常回家看看。热热闹闹、欢声笑语才是一个温馨的家庭应该有的景象，父母的脸上一定会洋溢着幸福。

经常为父母拍照。从小到大，父母愿意用照片记录下我们成长的足迹，我们也要为父母记录下岁月的痕迹。

"和父母一起锻炼身体"。积极的孝不是等到父母身体不好了给他们买补品，而是在他们健康的时候陪他们锻炼身体。

新二十四孝在现代性、趣味性、可操作性上均优于传统的二十四孝。尽孝不苛求方式，更注重心意。

当下有的年轻人以生存不易、社会竞争激烈为由，长年在外工作，对家里的父母不闻不问；有的年轻人哪怕跟父母住同一个城市，也依然会以工作忙为借口，一年也看不了父母几次；有的人宁愿抽时间去旅游，也不想回只有一个小时车程的家看望父母。

父母也年轻过，也赚钱养过家，他们为什么能够在忙工作的同时把孩子养大？就是因为一个"爱"字。因为爱你，他们没有任何借口，即便再忙，也会腾出时间来照顾你、看护你、养育你。

有句话说："想见你的人，再远都顺路。不爱你的人，再顺路都没空。"这句话同样适用于孝敬父母。

向父母尽孝不能等，虽说人生有很长的路要走，但随着父母年龄的增长，你和他们相见的时间也有很大的不确定性。有多少人输在了这份不确定性上，等你有空了、有钱了，父母却不在了。所以，心中有孝，再忙也能回家；心有牵挂，再远的路都顺路。

真正的孝并不拘泥于形式，它是发自儿女的内心，体现在生活的言语行为中，渗透于生活的点点滴滴，传达到父母内心深处的一种情感表达。

新二十四孝继承了传统孝文化的主体思想，并根据时代的发展变化、社会道德观和价值观的变化、人们生活习惯和行为的变化，以大白话的形式，提倡和鼓励人们行孝。对更多人来说，新二十四孝不是标准而是镜子，不是教条而是提醒，不是训教而是倡导。

9.2　家之序：五伦归位

9.2.1　崇人伦，家才有秩序

五伦关系是指"父子有亲、君臣有义、夫妇有别、长幼有序、朋友有信"，即忠、孝、悌、忍、善。孟子认为：父子之间有慈父孝子的亲情，君臣之间有礼义之道；夫妻之间挚爱而又内外有别；兄弟之间有互敬互爱长幼之序之礼；朋友之间有诚信之德。

五伦关系中的"父子、兄弟、夫妇"这三伦关系是家中的规则，是基础，由这三伦推到朋友，再推到君臣，最后推到社会。

我们小时候都遵循"或饮食，或坐走，长者先，幼者后"的行为规范，吃饭时第一时间去请爷爷奶奶，爷爷奶奶或爸爸妈妈没有坐到饭桌前，我们孩子是不能坐的；爷爷奶奶或爸爸妈妈没动筷子之前，我们孩子是不能动的。而现在很多家庭跟过去正好相反：做饭征求意见时，不是征求老人的意见，而是先问孩子想吃什么；吃饭时爷爷奶奶叫孙子先吃，好东西先给孙子用；父母也是干在前、吃在后。几千年来我们把孝顺父母的孩子叫孝子，可近年来一些家庭的孝子变成了父母孝顺孩子，为孩子做牛做马，然后孩子还真把父母当牛做马。一些爷爷自嘲地说，自从有了孙子，自己就变成了孙子。

9.2.2　不越位，不缺位

父母和孩子的关系要摆正，兄弟、夫妻关系也要依次摆正。家庭关系摆正后，就是长辈慈善，晚辈谦卑孝顺。反之，如果一个家庭没有秩序，父不慈子不孝，婆不讲理儿媳不让步，那么这个家庭就乱套了。这也是为什么经常出现父母状告儿女不赡养、儿女以父母偏向为由拒不探视的新闻的缘由。所以，古人才用"人无伦外之人，学无伦外之学"教诲我们怎么做人、怎么做事。

我曾经看到这样一个故事：

小时候家里很穷，母亲经常把自己碗里的饭拨到孩子碗里，说："娘不饿，你吃吧。"

晚上，孩子醒了看妈妈还在灯下补衣服，劝她睡觉，她说："娘不困，你睡吧。"

父亲因病去世后，有人劝母亲改嫁，母亲说："怕孩子受委屈，我还是不嫁了。"

在外地工作的孩子给母亲寄钱时，母亲说："别寄了，你留着花吧，娘不缺钱。"

孩子想把母亲接身边住，母亲说："不去了，我还是习惯家乡的生活"

母亲生病住院时，孩子赶到医院看望她，她说："娘没大事，你还是回去好好工作吧。"

这是一个感人的故事，故事中的母亲一直在向孩子付出爱，但她剥夺了孩子尽孝的机会，这样的后果要么是孩子感觉母亲付出的一切都是应该的，不懂得感恩；要么是孩子日后回忆起这些，会内疚一辈子。

从五伦关系的角度说，这个家庭是父亲缺位，母亲越位，孩子不能归位。

现代社会生活节奏快，年轻人压力大，所以存在很多缺位和越位现象，比如老人照顾孙辈，会存在溺爱和教育观念落后等问题，这其实是父母缺位和老人越位的一种现象。一个幸福的家庭应该是父母承担家长的职责、孩子孝顺长辈、老人享受自己的晚年生活，家庭伦理有序，大家都不越位不缺位。

9.3 家之规：立家规，传家训

9.3.1 规矩有时就是"咬一口"

我国古代的家规也称家范、家诫或家法，是家族长辈对子孙后代立身做人所立的规矩或告诫的话，是修身、治家、为人处世的基本方法，一般是父母对子女、家长对家人、族长对族人的训示教诲。

古今中外那些有大成就、有修养的人，大多生活在家教严、规矩多的家庭，正是家规让他们有了做人处世的原则。培养一个懂感恩、有修养的孩子，有时就差"咬一口"。

家庭教育专家卢勤老师曾讲过她母亲的做法。给孩子买冰棍，一人一根，母亲没有，可是每个孩子都让母亲先咬一口。母亲也不客气，会在每个孩子举过来的冰棍上咬一小口。就是这"咬一口"，"咬"出了孩子的感恩之心。孩子以后不管吃什么好吃的，都想着让母亲先吃一口；有什么好事，都想着跟母亲分享。这样的孩子长大了心中怎么可能没父母，不孝敬父母呢？

有知识不等于有教养，不懂得尊敬人，就会生出傲慢之气。

蔡礼旭老师曾经讲过这样一个故事：

有一个小女孩英语学得很好。她跟母亲去看望姥姥。见了姥姥，妈妈让她给姥姥背英语单词，小姑娘口齿伶俐、发音准确，姥姥开心地夸奖外孙女聪明。这个小女孩反问道："姥姥，你知道'伞'用英语怎么说吗？"姥姥从来没有学过英语，当然不会。没想到这个小女孩当着很多人的面说："姥姥，你可真是个白痴。"

其实，我们祖先给我们留下了很多非常好的规矩，对提升我们的教养、修养和涵养是非常有益的。只是很多人认为那是繁文缛节，不屑一顾。结果丢了规矩的人，傲慢无礼，目中无人，无法无天，既不讲私德，也不讲公德，从而导致家庭失睦、社会失和。

9.3.2　应该知晓的老家规

家中的规矩既是教养也是礼仪。每个人每时每刻的言谈举止和细微的肢体语言都向周边的人传递着你的家教和品德。如今，懂得家中老规矩的人越来越少。我们选取了部分老家规，供大家参考（表9–1、表9–2）。

表9-1 就餐时要注意的规矩

1	吃鱼不能说"翻",把鱼倒转一面叫作"掉头"。
2	添饭时不能说"要饭",而要说"添饭"。
3	不许用筷子敲盘碗。
4	过年煮饺子皮破了,要说饺子"挣"了。
5	筷子不许立着插在米饭中。
6	吃饭不能吧唧嘴,喝汤不许吸溜。
7	全家人一起吃饭,长辈不动筷,晚辈不能动筷。
8	长辈坐正中,其他人依次而坐,一般来说夫妻要挨着。
9	孩子可以挨着老人,但座椅不可高于长辈。
10	吃饭时手要扶碗,不许一只手放在桌下。
11	吃饭时不能在盘子里乱翻。
12	吃饭坐好就不能再换位置,不能端着碗到处跑。
13	夹菜不过盘中线。
14	吃饭不许咬筷子。
15	吃菜不许满盘子乱挑,只能夹眼前的。
16	不许反着手给人倒水或倒酒。
17	先吃完饭的,一定要对其他人说"请慢用"。
18	用筷子时不能翘手指头,就是人们常说的那种兰花指。
19	家里来客人,要谨记:茶七、饭八、酒满。

表9-2 与人相处时的礼仪

1	递、接东西时要用双手,尤其是递、接长辈的东西时。
2	不许斜着眼看人,老话说眼斜心不正。
3	递剪子时要手攥剪子尖儿,把剪刀柄让给对方。
4	敲门应该先敲一下,再连敲两下,急促拍门属于报丧。
5	见长辈要称呼"您"。
6	客人在时不可以扫地。
7	不许在人前叉着腿。
8	不许在人前抖腿。

9	不许当众大声喧哗。
10	做客不能坐主人家的床。
11	做客不许进没有人的房间。
12	站不倚门、话不高声。
13	回家要跟长辈打招呼，出门要说一声。
14	做客中途先走时说"失陪"，请人勿送说"请留步"，送人远行说"一路平安"。

9.3.3 与时俱进的家训

家规和家训是家庭文化的重要组成部分。在家庭这所大学校中，家庭文化的优劣程度关乎着孩子未来的命运。古时候，优良的家庭文化培养出的孩子大多会成为国家的栋梁之材，比如颜真卿家族、曾国藩家族都有良好的家风传承。

父母要想让孩子有良好的品德，有美好的灵魂，就要从家庭伦理道德抓起，同时还要有严格的家规和家训。古人给我们留下了很多值得借鉴的家规和家训，我们也可以创造有家庭文化特色的家规和家训。

天底下所有父母都有一个共同的心愿，那就是让自己的儿女长大成才。特别是在当代，科学技术日新月异，社会竞争日趋激烈，人们对子女的期望值更高，对家庭教育也更为重视，而家规和家训也要与时俱进。

在河南省的一个小山村，林氏三兄弟相继考上博士研究生。他们来自农民家庭，家境贫困。他们成功的秘诀是什么呢？是父母的以身作则、言传身教。林氏夫妇在三个儿子入学前和求学过程中，用自己好学的行为来影响他们，两代人每天挑灯共学的读书氛围一直延续到三个儿子都上大学。值得一提的是，他们当年那么穷困，却长期订阅文学杂志和购买世界名著，在他们家的墙壁上贴满了小纸条，上面写着名言警句。在家庭文化缺失的年代，父母的率先垂范和这些名言警句创造性地起到了家规家训的作用。

三个儿子就是在这样的氛围中长大的。这对他们的文化修养、人生感悟、人格升华，都产生了极其深刻和深远的影响。

林氏夫妇教子的感人之处，并非在于其培养出三个博士，而在于其在贫困中坚忍不拔、自强不息、勤奋好学的精神。正是父母的这种精神深深地感染着儿子们，铸就了他们不屈不挠的性格，促使他们奋发向上，充分发挥各自的学习潜能。

家庭作为孩子生活、学习最初的学校，文化氛围对孩子成长的影响，是以潜移默化的心理暗示和熏陶发挥作用的，并会留下难以磨灭的印记。

9.4 家之传：老人要弘扬家风

9.4.1 好家风要弘扬

关于家风，我国素有老人要弘扬家风、父母要示范家风、夫妻要掌舵家风、子女要继承家风、孙辈要顺承家风、兄弟姐妹要竞比家风之说。好的家风是要代代传承的。

家传原指只传自家人不传外人的相关技能和秘方。我们这里是从文化层面讲家传，即家庭文化的传承。

"夫家有谱、州有志、国有史，其义一也。"在中国，家谱有约3000年的历史，素来与国史、方志并称为三大历史文献。

老人要弘扬家风，首先要传家谱。很多家庭都有祖先传下来的家谱。家谱、族谱，是一个家族的生命史。它不仅记录着该家族的来源、迁徙的轨迹，还包罗了该家族生息、繁衍、婚姻、文化、族规、家约等历史文化的全部内容。家谱是一种特殊的文献，就其内容而言，是中华文明史中具有平民特色的文献，记载的是同宗同祖血缘集团世系人物和事迹等情况的历史图籍。

古语云："三世不修谱则为不孝。"家法坏，谱牒尚有遗风；谱牒坏，人家不知来处。

现在由于长者不教、幼者不学，一些年轻人连祖父母、外祖父母的姓名都不知道；更有甚者，有的儿媳妇竟然不知道公婆的名字，也不管公婆叫爸妈。因此，家谱的传承需要家中的老人有序地告诉晚辈，比如，祖辈的名单，祖父母、曾祖父母、高祖父母的名讳等等，最好以文图的形式制作成册留给后人。

老人还要把家族中出现过的优秀人物及故事讲给晚辈听，以此来教诲和激励后辈，让后辈把祖先的优良品德和精神财富传承下去。同时，还要把祖先遗留下来的规矩、忌讳等传给后人。

9.4.2　父亲传家规

我小时候正是物质短缺的年代，所以总是盼着过年，好穿新衣服、吃好吃的。然而我家却有一条不成文的规定：初一、十五都要吃素。我一直不知道为什么，也不敢问。

记得有一年大年初一，母亲把刚出锅的饺子端上桌，父母落座之后，我们兄弟姐妹也都围上桌来吃饭。二哥吃了一个饺子就哭了起来，他说："平常吃不到鱼和肉，好不容易盼着过年，别人家都吃大鱼大肉，为啥咱家大年初一也吃素啊？"

这时父亲把筷子一放，非常严肃地说："不光今年大年初一要吃素，以后每年大年初一都要吃素，这是老祖宗留下来的规矩。你是李家的儿子，这辈子大年初一都得吃素，连你以后娶的媳妇也得跟着吃素。"

父亲看看我们几个女儿，又说："姑娘没出阁之前，要遵守老李家的规矩，初一、十五吃素；出阁之后随婆家，婆家吃肉你吃肉，婆家吃素你吃素。"

父亲传家规的这一场景到现在我还记忆犹新。

9.4.3　父亲的优秀品质

我父亲是一个普通的煤矿工人，去世早，那时我还不懂向父亲请教家里的事情，父亲也没有给我们留下祖先更多的故事。为了纪念父亲，我搜索了记忆中的几个片段，都是平凡生活中的平凡场景，但这对我来说异常珍贵，写出来留给我的后代，让他们对祖辈多一点了解，也算是我对家风的一种弘扬吧。

一是好善乐施。父亲种植了各种蔬菜，自己家根本吃不了，但他从来不卖，留够自己家吃的，其余的就送给亲戚、左邻右舍。

二是勤劳致富。我父母都非常勤劳，也非常智慧。父亲工作之余从来不闲着，种地、养禽畜，样样都做得非常好；我们兄弟姐妹从三四岁开始就跟着父亲种地、捡煤核、割草、放牛、放羊，所以我们兄弟姐妹长大后也都非常勤劳。

到了秋收时，我家胡萝卜、土豆、大白菜、大葱……堆得像一个个小山。向日葵比盆还大，南瓜、玉米，还有牲畜过冬的干草，把近千平方米的农家大院装得满满的。前后左右20户邻居，从大人到小孩都到我家帮忙，他们走时，母亲总会为每人准备一个土篮子，各种农产品想要什么随便拿，想拿多少随便装。

有人用"海、陆、空"三军部队来形容我们家养的家禽、家畜：鸡、鸭、鹅、狗、猪、牛、马、驴、羊、鸟，我们家的院子就是一个动物世界。父亲用勤劳、智慧带领我们全家过上了富裕的生活，当时我们家是邻里中最富有的，邻居送给父亲一个雅号——"善良的李财主"。

三是富有爱心。我家的家用工具、农具是最全的，左邻右舍缺什么总是到我家借；为了方便大家给自行车打气，父亲特意准备了两个打气筒，一个放在家里，一个就放在大门口，不仅左邻右舍常来打气，后来连路人都知道我家有公用的打气筒。

那时村里红白喜事都是在自己家里办，因自家盘子、碗筷少，邻里之间都互相借用，父亲就多买了十几套供大家使用。

20世纪70年代，大多数家庭都没有电视，我家就买了一台19英寸的黑白电视，每天晚上左邻右舍的大人孩子都到我家来看电视，我家成了电影院。为了让邻居看好电视，父亲做了六七个高低不同的长条板凳，矮的放在前面，高的放在后面，房间里常常挤着三四十人。屋里进不去了，父亲就把窗户打开，窗外又挤满了人……

四是慈悲善良。记得我十来岁的时候，有一天晚上我们兄弟姐妹都睡着了，父亲却把我们都叫醒让我们吃冰棍。原来，一个女人带着一个四五岁的孩子，快十点了还在叫卖冰棍，因为那时没有冰箱，放在保温瓶里只能保温几小时，她今天卖不掉明天就全化了。父亲对母亲说："这个女人这么晚了还在叫卖，一定是有难处，我去看看吧。"结果父亲端着小盆出去，把剩余的十几根冰棍全买回来了。我们吃的时候，有的化了一半，有的刚咬一口就掉在了地上，还有的已经化成了冰棍水。

9.4.4　我跟母亲学宽容

我母亲是一个地道的家庭主妇，没上过学，没有外出工作过，家庭主妇是她一辈子的职业。我原来看不起母亲，感觉她没文化、没工作，甚至觉得她没什么水平；我也怨恨过母亲重男轻女，偏心哥哥，不让我上学。但是现在，我发自内心地说："我敬重我母亲，我崇拜我母亲。"

母亲虽然大字不识，连自己的名字都不认识，但她非常聪明，甚至可以说非常智慧。他有很多优秀的品质，比如勤劳、善良、心灵手巧。母亲还非常宽容，从来不与人争什么，跟左邻右舍处得非常好！以前我没觉得这是什么优点，但在我遇到的一件事上，母亲用她的宽容教育了我。

有一次，我跟妹妹闹矛盾。母亲知道后对我说："姐妹之间有什么大不了的事啊，你是姐姐，让着妹妹一点儿不就过去了？"当时，我不但不听母亲的劝说，还非常委屈地说："我凭什么让着她啊？她让着我才对呢！"然后就历数我平时对她的帮助有多少。最后我还跟母亲说："她不仅不感谢我对她的帮助，还跟我闹别扭，是她不对。"

母亲没再劝我，而是给我讲起了她跟我两个姨妈之间的故事。

母亲是家中的老大，有四个妹妹，两个在外地。在我姥姥去世处理丧事的时候，四姨生我母亲的气，从此不跟我母亲来往。我哥生了儿子，四姨也不闻不问。到四姨家有孙子的时候，我二姨小心翼翼地跟我母亲说："大姐，我想去老四家给她孙子下奶去。"没想到我母亲马上说："好，我跟你一起去。"

二姨非常高兴，说："大姐你可真行，我以为你不会去呢！一是你是大姐，她是妹妹，你大她小；二是上次的事也不怪你，是四妹事多；三是你有孙子她都没来下奶，她又失礼在先。所以要说低头认错也应该是四妹来向你认错，没想到你这么大度，先去看她。"

我母亲说："亲姐亲妹的，什么我大她小、她错我对的，哪有那么多说道；我是大姐，我更应该让着妹妹。"

就这样，母亲带着下奶的礼品，跟二姨一起去了四姨家。四姨虽然没想到我母亲能去，但还是非常高兴。我母亲和二姨临走的时候，四姨拿出20元钱对我母亲说："你有孙子我也没去下奶，这20块钱你给孙子带回去吧，算是四姨奶的一点心意。"我母亲乐呵呵地接过钱来，说："好。"

　　回家的路上，二姨说："大姐，你可真行，她给你钱你就拿着呀？"母亲说："如果不拿，老四又会多想，以为我还在挑她的理。我拿，礼平了，她也就踏实了。"

　　母亲和四姨不愉快的一页就这样翻过去了。后来四姨也常到我们家去，姐俩和好如初。遗憾的是四姨和二姨都早已去世，母亲说："还闹别扭呢，现在想见她们一面都没机会了。"

　　这是一个很寻常的家庭故事，母亲用平实的语言讲完了这个故事，就没再说什么。我们两个都沉默了，而我当时已经泪流满面，是感动的泪，也是惭愧的泪。直到今天说起这件事我仍然非常感动，母亲让我看到了宽容的力量。

9.5 家文化：名门望族的传家宝

从古至今，那些名门望族提到的祖训、家训、家规、家教、家风，都是家庭文化的延续和传承。家是通过家庭各成员之间不同家庭角色的扮演，共同经营组建而成的。家庭文化是一个人接受的最早的启蒙教育。

文化传承对于一个家族的影响是巨大的，因此，做好家庭教育和文化积淀是从一个家庭升华到一个家族并且长盛不衰的最重要的原因。

家族文化是一个家族历史的沉淀和经验的积累与升华，是一个家庭、家族在世代累居、繁衍生息的过程中逐渐形成的较为稳定的生活作风、习惯和道德面貌，是家训、家教的外在表现形式。家族文化见证了人们耕读传家、生生不息的精神，是一个家族引以为傲并值得世代传承的"珍宝"。

9.5.1 钱氏家族文化：读书不为名利，历经千年依然人才辈出

从古至今，那些扬名立万、家业兴旺的名门望族，皆有优良的家族文化。也正是这些优良的家族文化，让一代代人传承了中华文化之魂、民族精神之根！

在我国江南一带，有一个大家族——钱氏家族，堪称近代望族。钱家后裔大部分在江浙地区，被人们广为熟知并称奇的是浙江三钱：钱学森属杭州钱氏，诺贝尔奖获得者钱永建是其堂侄；钱三强乃湖州钱氏，其父是新文化运动著名人物钱玄同；钱伟长则是无锡钱氏，与钱钟书同宗，都称国学大师钱穆为叔叔。钱氏家族"一诺奖、二外交家、三科学家、四国学大师、五全国政协副主席、十八两院院士"。

钱家名人、贤人辈出与家庭文化关系密切。人们常说："道德传家十代以上，耕读传家和诗书传家不足十代；富贵传家，不过三代。"可钱家却历经千年依然兴盛，很大程度上得益于他们良好的家风。

据说钱家是吴越国王钱镠（852—932）的后嗣。近代以来，钱氏家族出现了人才井喷现象，他们遍布世界各地，横跨各个领域。除上述三钱外，钱其琛、钱俊瑞、钱正英、钱复、钱基博、钱文钟等均系钱门。当代国内外仅科学院院士以上的钱氏名人就有一百多位，分布于世界五十多个国家。

钱镠的子孙曾经对钱氏家族的文化进行认真整理和补充，以儒家

"修身齐家平天下"的理念为框架，使其体系更加完备。

据历史记载，钱镠有一个叫作警枕的特殊枕头，他在里面装了一个小铃铛，几十公里以外有部队或者敌军来进犯，铃铛都会响，他便可以马上披挂上阵去迎敌；同时他又在床前放了一个粉盘，半夜里想到什么事情，随手就把它记下来，第二天及时处理。

钱镠把"成由节俭败由奢"写进家训中，以自己的教训来告诫子孙。钱氏后人吸取教训，家教素以严谨著称。

钱学森的父亲钱均夫说，钱氏家族代代克勤克俭，对子孙要求极严，这也是钱氏后人中很少有贪渎之辈的原因。

钱氏家庭文化对这个家族的人才成长起着决定性的作用。在钱氏家族，每当新生儿诞生时，总要将全家人召集在一起，释读先祖留下的《钱氏家训》。《钱氏家训》就是钱氏家庭文化，内容包括个人、家庭、社会、国家四个方面，是钱氏后人的行为准则。

钱氏家庭文化中的"子孙虽愚，诗书须读"，是钱氏家族的重要家风。钱氏家学深博、书香门第，注重诗书养华，崇文倡教；教育后代读书至要，读书明理，强调"读书为第一等事，读书子弟为第一等人"。

"钱氏家训"中提到的"私见尽要铲除，公益概行提倡""利在一时故谋也，利在万世者更谋之"，就是在谆谆教导子孙不要做蝇营狗苟的"小我"，而要做利国利民的"大我"。所以钱氏后人多忠良，许多能够成为国家的栋梁之材。

钱氏家族文化的可贵，在于钱氏长辈们一直用实际行动告诉子孙要热爱这个国家，要服务社会、服务人民。钱学森把精力奉献给祖国的科研事业，而且大额奖金基本都捐了出去，支持国家的科研教育事业。在这种家庭氛围下，钱氏子孙耳濡目染，早早地知道了如何对待获奖，如何看待名利。

钱氏家族的家庭文化包括四点（图9-2）。

图9-2　钱氏家族的家庭文化内容

世代相传的家训

《钱氏家训》基于儒家修齐治平的道德理想，从个人、家庭、社会和国家四个角度出发，为子孙订立了详细的行为准则。钱镠在临终前，向子孙提出了十条要求，被后世称作《武肃王遗训》。一千多年来，"遗训"和《家训》世代相传，得到子孙后代的身体力行，成为钱氏立族之本，旺族之纲，形成了崇文倡学、德才并重的钱氏家风。

重视教育的习惯

"我们钱家人喜欢读书，书读多了容易当官，当官的容易出名。"这是钱伟长教授在解答"钱家为什么能出那么多名人"时给出的答案，虽然语带调侃，却道出了家族成功的秘密。吴越王钱镠是钱家人发奋学习的榜样。他出身贫寒，却从小酷爱读书，直到晚年还坚持阅读，并立下"子孙虽愚，诗书须读"的家训。秉承这样的家学渊源，钱玄同父子、钱均夫父子、钱穆叔侄、钱学熙父子等钱氏后代，都成为勤奋好学的典范。

互助互爱的家风

从宋代开始，钱家就形成了族内相互扶持的风气。为了让族中的贫困子弟有书可读，《钱氏家训》规定："家富提携宗族，置义塾与公田，岁饥赈济亲朋，筹仁浆与义粟。"各地的钱家都设立义田、义庄、祭田，并明文规定其中一部分田产或盈利必须作为教育经费。这种早期的"教育基金"模式，保证了钱氏子孙无论贫富，都有受教育的机会。国学大师钱穆兄弟及力学家钱伟长都是在义庄资助下才得以上学的。

"优化组合"的婚姻原则

相对于家世、财富，钱家人更看重配偶的个人素质，"娶媳求淑女，勿计妆奁，嫁女择佳婿，勿慕富贵"的家训，一直影响着钱氏子孙的婚姻观。细数近代钱氏家族的配偶身份，从钱学森的妻子蒋英（著名声乐教育家），到钱伟长的夫人孔祥瑛（孔子的第七十五孙），再到钱三强的妻子何泽慧（著名核物理学家），钱氏子孙的配偶几乎都德才兼备。正是这样的"优优联姻"，使得钱氏家族的基因不断优化。

9.5.2 朱氏家族文化：先有德行，后有才华

在中国的传统文化中，家庭教育占有重要的地位。在家庭教育中，家风、家规是重要的教育形式。良好家风、家规的形成绝非一朝一夕之功，需要长期积淀。

朱柏庐所著的《朱子家训》只有寥寥五百字，却总结了古代治家之道，得到官宦富商和书香世家的推崇，他们纷纷以此来教育子孙，以端正家风、振兴家族。

《朱子家训》中提到家庭教育时，称其是最重要的启蒙教育，对孩子的教育首先要从家中的点滴小事教起。

从清朝到民国，《朱子家训》曾一度成为童蒙必读课本之一，其中一些警句如"一粥一饭，当思来之不易"，在今天仍然具有教育意义。

中国人讲究"家和万事兴"。这里所谓的"家和"，在《朱子家训》中就是指良好的家庭伦理道德环境和氛围。作为父母，要抚养教育好子女，要营造良好的家庭氛围，要培养好子女。在生活上使孩子多经受锻炼，吃一点苦才能有更大的出息；在品德上塑造孩子高尚的品德，使之成为有用的人。

家族文化是家族的方向，是家庭教育的核心，需要每一个家庭成员用心去守护和传承。常言说，文化传百年，精神传万代。家族文化传播的是一种精神。

《朱子家训》之所以能够成为传世经典，是因为它是朱柏庐根据

亲身经历写出来的。

朱柏庐（1627—1698），字致一，明末清初江苏昆山县人，著名理学家、教育家。

朱柏庐生长在一个家风淳朴、书香味十足的家庭，他的父亲是一介书生，经常教导孩子们要勤勉爱国，并以身作则，为孩子们做榜样。朱柏庐自小受家风影响，热爱读书，对教育萌生了很大的兴趣。

博学多才的朱柏庐没有像同时代的年轻人那样去考取功名，而是选择在家乡从事教育工作。当时的教育工作薪水低，工作量却很大；但他甘守清贫，将一生都奉献给了教育事业。

朱柏庐继承并发扬了朱氏家族的家风，并不断提高自己的道德修养，最终得以写完《清史稿》《清史列传》《孝义篇》等等，这些著作被称为清代的"孝义第一"。

朱柏庐是一位极有成就的教育家，笔耕不辍，著述等身，一生设馆教书，在历史上留下姓名的弟子就有40余人。朱柏庐72岁离世，归葬太湖之东的阳山祖坟。

1720年，在朱柏庐离世22年后，人们把他请入了家乡的三贤祠。这时的人们并不知道，终生清贫的朱柏庐还悄悄地留下了一份遗产。这份遗产就是《朱子家训》，惠泽世人300余年，一直传颂到今天。

《朱子家训》把立德作为一切之本，把育人放在首位，主张做事先要做人。其秉持的中华传统道德理念和处事原则，至今没有过时，仍然闪耀着光芒，散发着厚重的人文力量。

同时，《朱子家训》还把中华大家庭家规、家风、家训的精神内涵表现得淋漓尽致，深深铭刻在国人的心中。

9.5.3 郑氏家族文化：168条祖训，出仕者，无一人贪污

家族文化对于一个家族和子孙后代的命运影响极大。因为家庭本质上是以婚姻、血缘或收养关系为主要纽带的人类社会生活的基本单位，即夫妻关系、亲子关系以及家庭各个成员之间的关系。家庭是理性与情感、权利与义务相结合的共同体，每个成员在此基础上进行广泛而深入的交往，而家庭的文化则是评判家庭各个成员行为的标准。

在历史上，一个家族累世同居被朝廷旌表，可称"义门"。历朝被表扬的"义门"中，普通5世、7世不足为奇。而郑义门，其同族生活的繁华场景，足足持续了15世。郑义门在历史上创造的家族奇迹，正是源自郑氏家族文化的加持。

在1000多年前的北宋年间，有一个名叫郑琦的白发老人，一生严以律己。他自感不久于人世，就招来子孙立下遗嘱："吾子孙有不孝、不悌、不共财聚食者，天实殛罚之。"就是这一临终嘱托，开启了郑氏家族15世的故事。

郑氏家族世代繁衍，构成以郑姓定名的郑宅镇。郑氏宗祠始建于南宋中叶，迄今已经有900余年历史。

郑氏的家族以孝义治家名冠天下。从南宋开始，郑氏家族历经宋、元、明三朝，15世同堂，一大家人同材共食达360余年，鼎盛时

3000多人同吃"一锅"饭。其孝义家风多次受到朝廷旌表，1385年，明太祖朱元璋亲赐"江南第一家"。

明朝的开国皇帝朱元璋在建立明朝时，急需制定一套治国理政的纲要，以便更有效地平息当时动乱的局面。

朱元璋想来想去，觉得找到一个家族作为范本最为合适。于是，他命人把历朝历代有代表性的家族找来，在细究之后，发现郑氏家族以孝治家的家族文化最为典型，就旌表江南郑家为"义门"。

朱元璋以郑氏家族的家规——《郑氏规范》为蓝本，制定了当时明王朝治理国家的一系列制度，名不见经传的"郑义门"成为一个国家的精神坐标，郑氏家族在明朝初年达到了历史上的鼎盛时期。

朱元璋规定，品学兼优的郑氏子孙可以不用参加科举考试而直接入仕，郑家每年可以派代表与孔子、孟子、颜回、曾子的后人同时入朝参拜。

"郑义门"不负皇帝的厚望，郑家子孙凭借其好学尚义、遵循传统的家族秩序，严守其家族治家的法宝——《郑氏规范》，让家族文化的精髓得到最大化呈现。在明代，以德行举荐入朝的郑氏官员多达47人，郑氏家族同居15世期间，七品以上的官员多达173人，官位最高者位居礼部尚书。

更难能可贵的是，历朝历代的郑家官员，虽然经历各不相同，但是他们从七品到二品，从闲职小吏到衮衮大员，无一人有贪渎记录。正因为如此，江南第一家的郑氏也被定为廉政教育基地。

郑氏家族在几百年中，组织严密、分工明确，管理层有18种职务26人，他们分别为宗子、家长等。各种职务互相牵制，形成一个网络式的多层管理结构。而家庭管理层可以经众议罢免，并另选贤能之士，颇有我国尧舜禹时期的遗风。

当时，郑氏家族成员达3000余人，却井然有序：孩子8岁入家塾，16岁入大学（即东明精舍），成年男子从事稼穑、畜牧、园艺、运输；妇女则从事纺织和其他家庭事务，收成上缴祠堂。60岁以上的人可以退休，由大家共同赡养。人们每天黎明即起，钟响四下，洗漱；钟响八下，全体成员到祠堂聆听训诫；然后，男进同心堂，女进安贞堂，3000多人同时进膳竟悄无声息；饭后集体出工。

《郑氏规范》作为郑义门治家法宝，延续郑家千年家风，其中除了孝外，还包含生活态度、道德修养、学识涵养，对于现代家庭与社会，仍然非常适用。这也是郑氏家族文化至今仍被推崇的原因。

后　记

　　据《人民健康报》报道：国家统计局2020年1月21日公布的2018年经济数据显示，截至2018年年底，我国60周岁及以上人口数量接近2.5亿，孝道、养老是我们必须面对的课题。我在《家道智慧》和《孝道智慧》的讲座中曾多次分享我照顾婆婆的经历及感悟，很多学员反馈对他们很有启发，特别是对陪伴患阿尔茨海默病的人，具有指导作用，期望我能早日出版《家道智慧》的姊妹篇《孝道智慧》。本书也是在学员的鼓励下完成的，希望能够对广大读者有帮助。

　　在照顾婆婆的过程中，我对孝有了更深入的理解，婆婆从几年前开始记忆力减退，后确诊阿尔茨海默病。婆婆年轻时非常上进，曾荣获国家卫生部荣誉证书；而且为了鼓励我继续深造，她帮我承担了很多家务事。所以当我把婆婆生病的事告诉我母亲时，母亲说："你婆婆平日对你那么好，这个时候她最需要你照顾，再难管，你也得管。"母亲的善良让我下定决心：辞去工作，照顾婆婆。

　　孝敬父母绝不仅仅是物质上的，更重要的是精神上、情感上、心灵上、人格上对父母的关爱、慰藉和尊重，这是儒家文化更为看重的。在照顾婆婆的过程中，绝不是简单地伺候吃喝拉撒，更多的是付出智慧，我学习了心理学知识，分析婆婆很多行为的原因并积极寻找解决办法，琢磨如何让老人活得有尊严、有价值，让老人真正快乐起来。当婆婆从原来找不到家到能送不认识家的邻居老太太回家时，婆婆拉着我的手哽咽地说了一段让我感动的话："云啊，我真的好感谢你啊。你救了我一命啊！要不然我真的就是一个疯子、一个傻子了。我现在的大脑越来越清醒了，记忆力也越来越好了，这都是你引导的。你教我唱歌儿又教我画画儿，还教我念经，那么有耐心。你真的是太善良了，对我是真心的好。谢谢你……"

那一刻，我觉得我让婆婆找到了生活的价值，爱点亮了我们彼此的心灯——让我们明白了：我是一切的根源，爱是唯一的解答。

在这里我要感谢我的原生家庭，是它给予了我爱的能力，直到现在大家庭依然是我幸福的港湾。

同时我也要感谢婆家的兄弟姐妹，在婆婆生病期间，大家群策群力，共同努力照顾婆婆，温暖一直在我们之间传递。

最后我要感谢我的婆婆，不只是因为婆婆曾经照顾我的小家，更因为现在的婆婆依然在帮助我。在照顾婆婆的过程中，婆婆有很多感动我的瞬间，让我感受到了亲情的温暖，同时也让我对人生有了更深的感悟。这些都是婆婆给予我的，我在这里要向婆婆说声：感恩您给了我躬行孝道的机会！

我相信我们只要有爱和善良，就一定能尽好孝道。

李焕云

2021年3月